LE MONDE DE LA MER

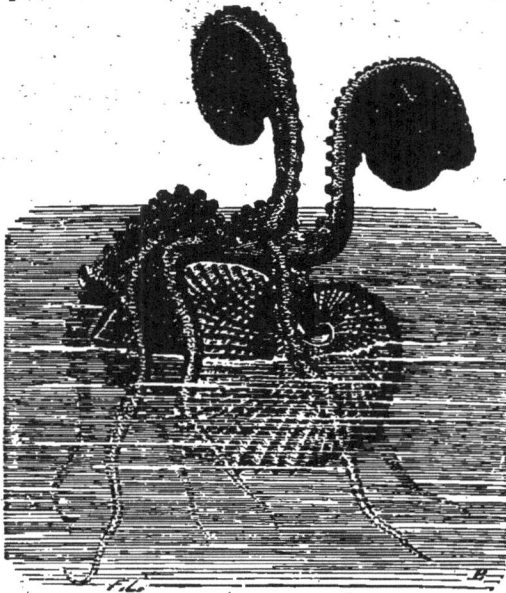

GRAND
AQUARIUM

PARIS
Boulevart Montmartre, 21

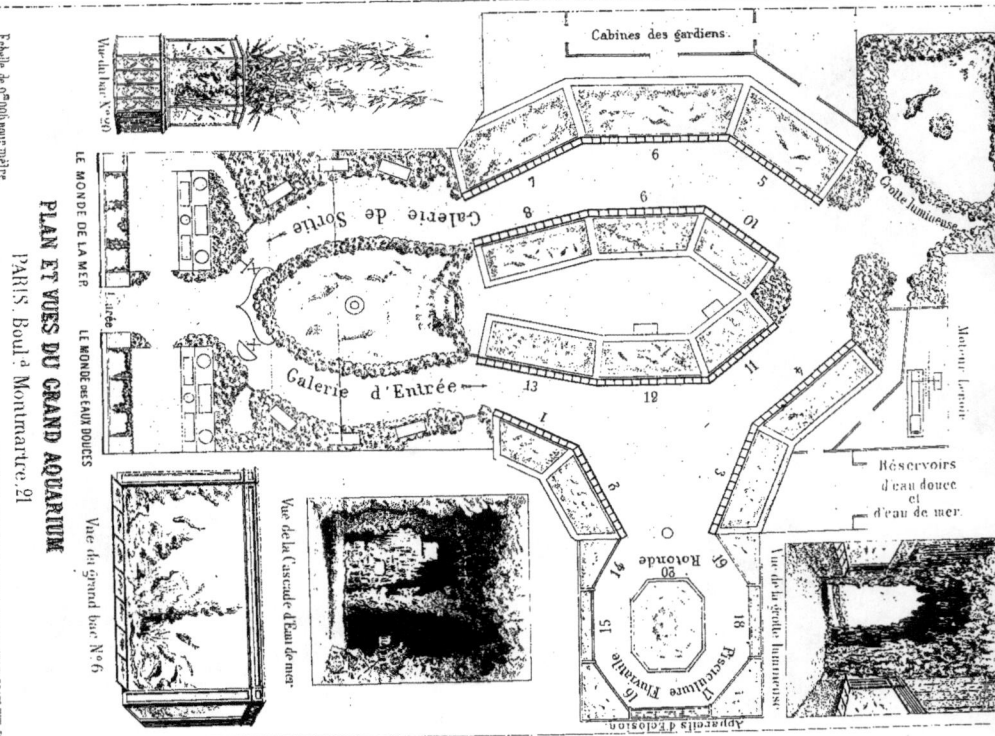

PLAN ET VUES DU GRAND AQUARIUM

PARIS, Boul. d Montmartre, 21

LE MONDE DE LA MER

LE MONDE DES EAUX DOUCES

Echelle de 0m005 pour mètre.

Milot. Marseille

Tous droits réservés.

Vue du bar N°20

Cabines des gardiens

Grotte lumineuse

Galerie de Sortie

Galerie d'Entrée

Moteur à vent

Réservoirs
d'eau douce
et
d'eau de mer

Vue du grand bar N°6

Vue de la cascade d'Eau de mer

Vue de la grotte lumineuse

Rotonde

Pisciculture Fluviatile

Apparelis d'éclosion.

1 2 3 4 5 6 7 8 9 10 11 12 13 14 15 16 17 18 19 20

LE
GRAND AQUARIUM

PAR

M. C. MILLET

VICE-PRÉSIDENT DE LA SECTION DE PISCICULTURE DE LA SOCIÉTÉ
IMPÉRIALE D'ACCLIMATATION

NOTICE ILLUSTRÉE D'UN GRAND NOMBRE DE GRAVURES

ET D'UN PLAN COLORIÉ

PARIS
21, BOULEVARD MONTMARTRE, 21

TABLE ALPHABÉTIQUE

INSECTES AQUATIQUES

(VOIR PAGE 83)

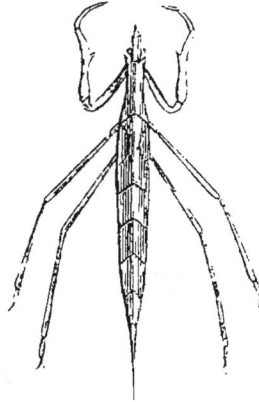

Lanatre.

Corise.

Naucore.

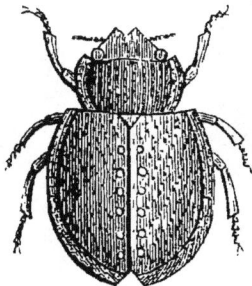

Sperchée.

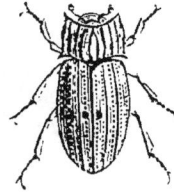

Élophore.

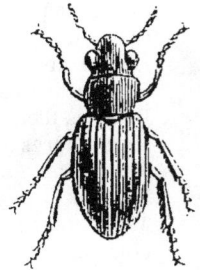

Notiophile.

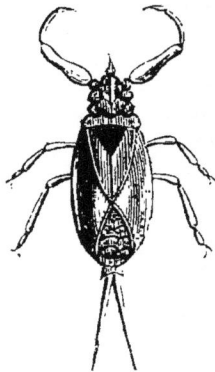

Nèpe.

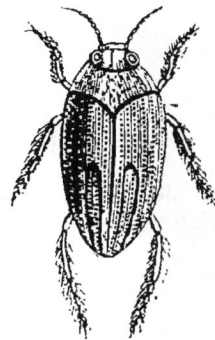

Hyphydre.

NOTICE

SUR LE

GRAND AQUARIUM

PAR

M. C. MILLET

INTRODUCTION

Dans les anciennes communautés religieuses, le moine qui était spécialement chargé de l'entretien ou de l'aménagement des eaux, et en particulier de la pêche, était désigné sous le nom de frère *Aquarius*, nom dérivé du mot latin *aqua*, eau.

De même, l'on a, depuis longtemps, donné le nom d'*Aquavivariums* ou d'*Aquariums* à ces vases ou bassins transparents et remplis d'eau, dans lesquels on conserve, en vie, des plantes et des animaux aquatiques.

Aujourd'hui, dans tout Paris, on demande le nom du créateur du grand aquarium, de ce

vaste et beau musée de la mer et des eaux
douces installé au milieu même de la capitale.

Lecteur, je vais vous le dire.

Tout le monde connaît et admire à Paris ces
nombreux et magnifiques établissements qui
sont des modèles de bon goût, d'élégance et de
comfort, et dans la création desquels M. Duval
a réalisé l'une des conceptions les plus philan-
thropiques de notre époque et le mieux appré-
ciées par la classe moyenne. M. Duval, en effet,
sait imprimer à tout ce qu'il fait un cachet de
grandeur et en même temps d'utilité pratique
qui ont rendu son nom justement célèbre.

Prononcer ici le nom de M. Duval, n'est-ce
pas dire que rien n'a été épargné pour une mise
en scène à la fois utile et splendide de toutes
les merveilles du monde des eaux? N'est-ce pas
dire que, dans l'organisation du grand aquarium, l'on est allé jusqu'aux dernières limites
du possible?

Il eût été bien difficile à un homme seul, au
milieu de graves et multiples occupations, de
pénétrer dans tous les détails du mécanisme de
cette organisation. Pour cette tâche délicate,
M. Duval a eu l'heureuse pensée de s'assurer le
concours et la coopération d'un homme qui
comprît ses idées et qui fût à la hauteur de

l'œuvre qu'il voulait réaliser. A cet égard, il ne pouvait faire un choix plus heureux que celui de M. Gallard.

Ce dernier, en effet, qui est un enfant des bords de la mer, remplissait dans ces dernières années, au jardin d'acclimatation du bois de Boulogne, des fonctions qui lui ont permis d'étudier le mécanisme et les merveilles du premier aquarium créé à Paris ; et récemment, dans ses explorations en Angleterre, en Allemagne et en Autriche, il a pu visiter tous les établissements de ce genre existant en Europe, et profiter ainsi des utiles et sages leçons de l'expérience.

Aussi le grand aquarium peut-il être considéré comme résumant et complétant les connaissances acquises dans l'art de faire un musée vivant des plantes et des animaux les plus intéressants et les plus curieux qui peuplent les eaux douces et les océans.

On ne peut méconnaître la haute utilité d'un établissement de cette nature.

Un aquarium, en effet, est un abrégé de la création, une exposition universelle et permanente des œuvres de la nature, où l'enfance s'instruit en s'amusant, où l'âge mur prend une leçon de philosophie et de morale en se pro-

menant, où la science peut, sans fatigue aucune,
sans déplacements onéreux, faire des observa-
tions importantes sur les animaux aquatiques.

Il est généralement très-difficile sinon impossible d'étudier et même d'apercevoir, dans la
mer et les rivières, la plupart des animaux qui
les habitent; les uns fuient à l'approche de
l'homme, et restent cachés sous des abris, les
autres fixent leurs demeures à de grandes pro-
fondeurs. Si quelques espèces s'offrent parfois
à nos regards, on n'en voit souvent que le dos
ou le profil, et l'on ne peut distinguer leurs
couleurs, leurs formes, leurs mouvements.
Enfin, dans les collections d'histoire naturelle,
on ne trouve les animaux aquatiques qu'à l'état
de squelettes ou de conserves dans l'alcool;
mais alors les formes et les couleurs sont modi-
fiées ou altérées; et, d'ailleurs, c'est la *mort* au
lieu de la *vie*. L'aquarium, au contraire, est une
maison de verre qui dévoile dans tous ses se-
crets, la vie de ses habitants, et qui permet à
l'observateur de voir, à toute heure du jour et
de la nuit, ces êtres de forme, de couleur et
d'habitudes si diverses accomplir sous ses yeux
tous les actes de leur existence.

DESCRIPTION

DU

GRAND AQUARIUM

Ce vaste aquarium, qui occupe dans son ensemble une superficie de 680 mètres, est situé au rez-de-chaussée, sur le boulevard Montmartre, entre la rue Richelieu et la rue Vivienne; il se trouve, par conséquent, au centre même de Paris.

La façade présente, au milieu, une grille de fer qui précède la porte d'entrée; de chaque côté de cette grille sont établis trois bacs formant de petits aquariums construits en verre et en ardoises avec rochers; cinq de ces bacs contiennent de l'eau douce; le sixième, placé au milieu du groupe gauche, renferme de l'eau de mer. De chaque groupe s'élève un support à feuilles d'acanthe qui se termine par six plates-formes ornées de beaux vases de cristal et de grands pots de fleurs au-dessous desquels sont suspendus de jolis petits ballons de verre.

Les végétaux et les animaux contenus dans ces aquariums de fantaisie. ou de luxe font de ces supports de véritables candélabres vivants. — De chaque côté, deux autres supports, fixés dans la muraille, présentent d'élégantes et riches potiches garnies de végétaux et de fleurs. Enfin la devanture est fermée par de grandes glaces mobiles qui permettent aux promeneurs du boulevard de voir les collections d'aquariums de toutes dimensions, de toutes formes et de tous prix, rangées sur les étagères de deux magasins de vente dans lesquels on pénètre en franchissant la grille.

Cette entrée est *libre*.

Le magasin de droite est affecté aux aquariums *d'eau douce*; celui de gauche aux aquariums *d'eau de mer*.

En suivant le couloir qui conduit à ces deux magasins, l'on arrive à l'ouverture d'une vaste grotte mystérieusement éclairée, et l'on passe, à droite, dans un tourniquet pour pénétrer dans la galerie d'entrée.

L'on se trouve alors au milieu de rocailles ou de rochers bizarrement découpés, arrondis ou émoussés par l'action des eaux ; ils semblent avoir été creusés dans le roc par la vague ou le flot. Là, un beau bassin contenant de grands animaux, tels que marsouins, raies, turbots et congres, se développe au niveau du plancher ; ce bassin, de forme elliptique, entouré d'une pittoresque galerie en ciment-bois-rustique, est alimenté par une *cascade d'eau de mer*.

J'ai beaucoup voyagé, j'ai exploré bien souvent les îles et le littoral de l'Océan, et je n'ai jamais vu les eaux de la mer tomber en cascade ; il faut venir sur les bords de la Seine, au milieu de Paris, pour pouvoir contempler cette merveille.

Dans sa chute, la nappe d'eau reçoit les rayons de feux colorés dont les puissants réflecteurs donnent à tout l'ensemble un aspect magique. A la hauteur même de la chute, une faille de rocher laisse voir, dans une fantastique lumière, un groupe de poissons qui semblent lutter contre le flot pour ne pas se laisser entraîner.

Dans le bas, la surface et l'intérieur du bassin reçoivent à travers l'eau une lumière douce, mais assez vive pour que l'œil puisse suivre les évolutions des grands animaux rassemblés dans cette petite *baie*.

A droite, les parois de la grotte offrent, dans leurs enfoncements rocheux, trois petits bacs d'eau douce garnis de végétaux et d'animaux divers, et éclairés par des becs de gaz dissimulés dans l'enrochement. L'eau s'écoule, en murmurant, par un ruisselet qu'elle semble avoir creusé dans la pierre.

En suivant la galerie d'entrée, l'on trouve, à droite, le grand bac n° 1 qui commence la série des viviers spécialement affectés aux productions marines.

Ces viviers ont une forme à peu près rectangulaires. Le devant, c'est-à-dire la paroi qui donne du côté de la galerie, est en cristal bien blanc, parfaitement poli, pour laisser voir facilement tout l'intérieur ; les trois autres parois et le fond sont en ardoises d'Angers ou en béton Cognet.

Dans l'organisation de ces prisons de verre, l'on a pris des dispositions très-ingénieuses. Les animaux aquatiques ont, comme tous les autres êtres de la création, besoin de repos ; et une lumière de longue durée, surtout si elle est vive et directe, peut les fatiguer et les incommoder. Pour leur donner des abris à leur convenance, et pour compléter la décoration intérieure, l'on a construit, dans chaque bac, des rochers d'un effet très-pittoresque et dont les pierres ou rocailles sont artistement et habilement disposées en amphithéâtres, en pyramides, en voûtes ou en petites grottes, de manière à ce que les animaux, même quand ils veulent éviter une lumière trop vive, viennent toujours se placer sous les yeux de l'observateur. Ces rochers produisent, d'ailleurs, un effet d'optique très-remarquable : la surface de l'eau, faisant l'office d'un miroir, reproduit à l'œil l'image renversée de tout l'intérieur des bacs ; l'illusion est complète, et l'on croit avoir, devant soi, de véritables cavernes sous-marines.

Sur les rochers, s'étalent ou s'élèvent diverses espèces de plantes aquatiques, ou bien se reposent divers animaux aux formes et aux couleurs les plus variées.

Le fond est garni d'une couche de sable, de graviers ou de galets sur lesquels certaines espèces aiment à se frotter, ou même à se fixer, et sous lesquels d'autres espèces cherchent à se blottir ou à se cacher.

Au milieu de tout cet ensemble, de petits mollusques ou coquillages s'allongent et cheminent avec lenteur ; des langoustes et des homards, hauts sur pattes, se promènent avec un certain air de gravité et de dignité ; des crevettes folâtres, vives et diaphanes, bondissent sur le sable ou sur les arêtes des rochers ; des crabes semblables à de grosses araignées courent de côté, déchirant et dévorant ce qu'ils

1.

peuvent saisir ; le bernard-l'ermite se tient
blotti dans la coquille dont il s'est emparé,
et traîne tout échevelée l'anémone de mer
qui s'est fixée sur cette coquille ; des poissons plats ou ronds, trapus ou allongés, lents
ou alertes, circulent dans tous les sens et
font ondoyer gracieusement les rameaux fins et
déliés des plantes aquatiques ; des anémones
ou actinies étalent leurs riches collerettes, dont
les pétales se meuvent et se contractent aux
moindres mouvements de l'eau et au plus léger
frottement de corps étrangers ; semblables à de
gigantesques fleurs de cactus, brillantes des
plus ardentes couleurs, ces *roses de la mer*
ornent les anfractuosités des rochers de leurs
couronnes de tentacules, ou s'étendent au fond
comme un parterre de renoncules variées ; les
clochettes blanches ou bleuâtres des méduses,
semblables à des champignons de gélatine,
flottent à travers ce monde enchanté ; puis, la
pieuvre, dont la respiration toujours haletante
trahit la voracité et la cruauté, se tient blottie
et roulée dans une cavité, ou aplatie sur le
sable, jusqu'au moment où elle allonge et lance
comme un trait, pour saisir une proie, ses tentacules armées de puissantes ventouses.

Ces scènes et ces drames de la vie aquatique

sont éclairés, naturellement ou artificiellement, soit par le haut, soit par les parois latérales ; mais la lumière n'arrive jamais à l'œil de l'observateur qu'après avoir traversé la nappe d'eau, et laisse ainsi toute l'étendue des galeries dans une demi-obscurité.

A partir du bac n° 1, une élégante et solide balustrade en acajou verni, qui règne d'un bout à l'autre des galeries où sont établis les grands bacs, tient les visiteurs à une distance convenable et leur permet, en leur offrant un point d'appui et de repos, de contempler à loisir les merveilles de la vie aquatique.

Entre la balustrade et les vitrines, l'on a disposé, en plan incliné, des séries d'étiquettes mobiles portant les figures et les noms des plantes et des animaux contenus dans chaque bac. A l'aide de ces étiquettes, qui forment une espèce d'inventaire ou de répertoire, il est facile de se reporter aux descriptions de la notice ou aux ouvrages spéciaux d'histoire naturelle.

Entre les bacs n°s 2 et 3, se trouve l'entrée d'une rotonde dont le pourtour est garni de six bacs d'eau douce portant les n°s 14, 15, 16, 17, 18 et 19 ; entre les n°s 16 et 17, une élégante étagère supporte des appareils d'éclosion pour les animaux fluviatiles. Le milieu de cette rotonde est occupé par un bac octogone où circule dans tous les sens une multitude de petits poissons étincelants, tantôt d'un éclat métallique rouge ou brun, tantôt du plus éblouissant reflet d'argent. Au centre s'élève un groupe de rochers supportant un beau globe lumineux entouré de grands végétaux aquatiques.

Cette rotonde est, d'ailleurs, richement décorée par les bambous qui encadrent les bacs et par les toiles peintes qui forment le plafond; c'est un modèle de goût et d'élégance.

En sortant de la rotonde, l'on aperçoit, dans un lointain féerique, la grotte lumineuse devant laquelle on arrive en suivant la galerie des bacs nos 4 et 11.

L'on se trouve alors au milieu d'une grotte entièrement formée de stalactites sur lesquelles on reconnaît, comme dans les grottes les plus anciennes, l'action du temps et celle des eaux d'infiltration. Au fond, une cascade d'eau douce jette, dans un grand bassin circulaire, plus de 500 mètres cubes d'eau par jour. Les feux qui viennent éclairer cette belle nappe donnent aux parois et au plafond de la grotte un aspect fantastique; et l'on ne sait, à travers ces rayons de mille couleurs qui s'entrecroisent, si l'on assiste à un splendide coucher du soleil, ou aux lueurs et aux jets flamboyants d'une aurore boréale. Dans le bassin, les plantes et les animaux sont merveilleusement éclairés par les feux placés au-dessus et au-dessous de la chute d'eau.

En quittant cette grotte, l'on entre dans une galerie formée par six grands viviers d'eau de mer, à droite les nos 5, 6 et 7, et à gauche les nos 8, 9 et 10. Le no 6 a des dimensions tout à fait exceptionnelles; sa capacité est de 10,000 litres et sa longueur de 4 mètres 57; cette dimension est à peu près le double de celle des plus grands viviers qui ont été construits jusqu'à ce jour dans les aquariums d'Europe. Il paraît matériellement impossible de dépasser cette limite; car ce n'est qu'avec des difficultés extrêmes que l'on a pu se procurer la glace qui forme le devant de ce bac.

A la suite des nos 7 et 8 se trouve la galerie de sortie. Les enfoncements rocheux de la partie droite présentent trois petits bacs d'eau de mer garnis de végétaux et d'animaux divers; ils sont, comme ceux de la galerie d'entrée, éclairés par des becs de gaz dissimulés dans les enrochements, et l'eau s'en écoule par un ruisselet qui se rend dans le grand réservoir d'eau de mer.

Dans cette promenade à l'intérieur de l'aquarium, on peut réellement se croire sous l'eau, au milieu de la mer, confortablement établi dans une vaste cloche à plongeur. Les galeries, en effet, n'ont point de fenêtres ; elles ne sont éclairées que par la lumière naturelle ou artificielle qui pénètre à travers l'eau des viviers ; il en résulte un demi-jour bleu-verdâtre, uniforme, mystérieux, qui donne une idée exacte des faibles clartés sous-marines. Ce système d'éclairage est d'ailleurs d'un effet saisissant, et produit une illusion singulière. Le regard n'étant point distrait par les objets environnants, l'attention se concentre tout entière sur le polyorama vivant qu'on a sous les yeux.

A l'extrémité de la galerie de sortie, l'on se retrouve sur le pourtour du bassin de la cascade marine que l'on avait suivi, dans sa partie gauche, en entrant dans l'aquarium ; et, avant de quitter cette vaste et mystérieuse grotte sous-marine, l'œil et la pensée se reportent avec étonnement et admiration sur toutes ces splendeurs du monde de la mer.

On entre ébloui, on sort émerveillé.

ANNEXES

Toutes les eaux de l'aquarium sont mises en

mouvement par un moteur Lenoir, de la force de trois chevaux, qui est installé derrière le bac n° 4.

Au-dessous se trouvent deux grands réservoirs; l'un est alimenté par le service des eaux de la ville de Paris, et l'autre contient l'eau de mer puisée au large en vue de Dieppe. Ce dernier a une capacité de 36,000 litres; celle des divers viviers marins étant de 64,000 litres, le volume total de l'eau de mer dans l'aquarium est de 100,000 litres, soit de 1,000 hectolitres.

Poussées dans leurs directions respectives par le moteur Lenoir, les eaux sont réparties, dans les bacs ou viviers et sur les cascades, par de gros robinets dont on règle facilement le jeu et le débit. Pour l'eau de mer, ce débit est de 240 mètres cubes, soit 240,000 litres par 24 heures. Ce renouvellement considérable et incessant est très-favorable aux plantes et aux animaux marins : car il leur apporte, jour et nuit, et à profusion, un liquide bien aéré et convenablement épuré. L'eau de mer, en effet, après avoir circulé dans les bacs et la cascade, où elle se sature d'air vital, ne retourne dans son réservoir qu'après avoir passé à travers des filtres, où elle se dépouille des matières étrangères qu'elle a pu entraîner. La même eau peut ainsi servir pendant assez longtemps, sous la

condition toutefois d'être ramenée à son degré
normal de salure, par une addition d'eau douce
qui compense la perte subie par l'évaporation.

Pour maintenir les plantes et les animaux en
pleine vitalité, et pour procurer aux visiteurs
de l'aquarium une température convenable en
toute saison, l'on a aussi installé dans le sous-
sol, d'une part, un calorifère destiné à produire
en hiver une douce chaleur, et, d'autre part,
une glacière qui, à l'aide d'un ingénieux arti-
fice, peut rafraîchir, en été, l'eau des viviers
et l'air des galeries.

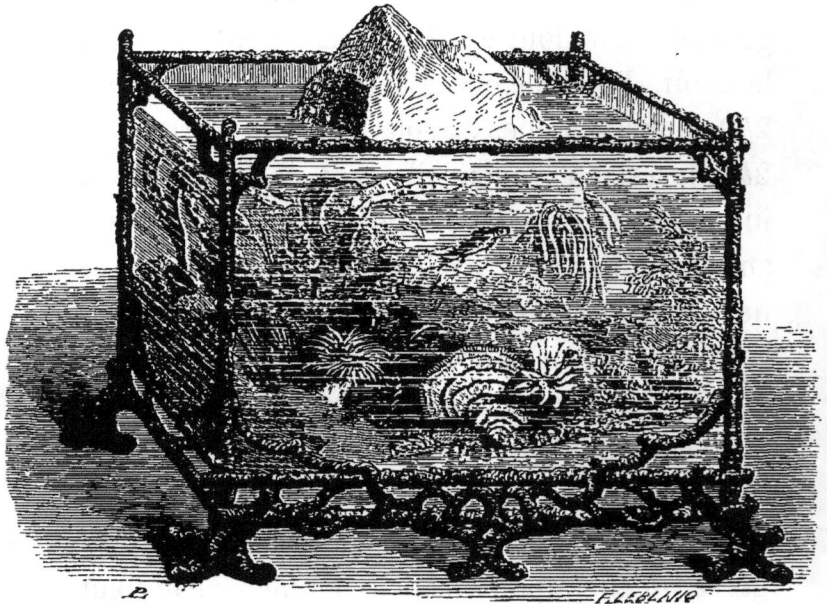

Fig. 1. — Aquarium de Salon.

PLANTES AQUATIQUES

Les plantes sont abondamment répandues dans les mers, les fleuves et les rivières; elles sont à la fois l'ornement de ces eaux et le moyen d'existence de la plupart de leurs habitants.

Cet ornement naturel y est diversifié d'une manière merveilleuse. Dans les mers, les algues présentent les couleurs les plus variées; elles sont jaunes, rouges, vertes ou brunes selon les espèces. Dans les eaux douces, ce n'est pas seulement le fond qui est garni d'une abondante végétation; on voit souvent, à la surface, des nappes de verdure s'étendre et s'étaler gracieusement.

Au fond, comme à la surface des eaux, les plantes jouent d'ailleurs un rôle très-important; elles offrent de précieux abris aux animaux aquatiques, et, sous l'influence de la lumière, fournissent à ces animaux le gaz oxygène qu'ils respirent et qui est indispensable à leur existence.

Dans les aquariums où l'eau n'est pas renouvelée, il est nécessaire d'introduire quelques végétaux aquatiques flottants ou submergés, pour y maintenir les conditions d'équilibre de la vie, par une juste répartition des animaux et des végétaux. Les animaux, en effet, absorbent l'oxygène tenu en suspension ou en dissolution dans l'eau, et émettent de l'acide carbonique; les végétaux, au contraire, absorbent l'acide carbonique et produisent de l'oxygène.

Admirable et merveilleuse harmonie! Dieu n'a pas seulement accordé aux plantes l'élégance et la beauté, il leur a aussi donné la puissance d'entretenir la vie.

Plantes marines

La végétation marine mérite, à tous égards, l'attention du naturaliste, du philosophe et de l'artiste, car on trouve, dans les eaux de la mer comme à la surface de la terre, des plantes curieuses, utiles et pittoresques. Il y a une diversité de formes et de couleurs telle que la flore sous-marine n'est ni moins intéressante, ni moins variée que celle de ces contrées auxquelles le soleil imprime le cachet de la riche et luxuriante végétation des tropiques,

Fig. 2 — Laminaires.

La figure 2 représente un groupe de *Laminaires* (*laminaria*), de ces algues qui affectent la forme de lames, allongées en courroies, souvent plissées ou frangées, et qui, par leur flexibilité et leur souplesse, obéissent à tous les mouvements des vagues et des courants.

On prétend que les tiges des Laminaires coupées par tranches et mâchées à la manière du tabac, font disparaître les goîtres.

L'une de ces plantes, le *Baudrier de Neptune* (la *Laminaire sucrée, laminaria saccharina*), lavée à l'eau douce et desséchée, se couvre d'une farine blanchâtre qui sert de sucre aux habitants pauvres de l'Irlande ; et certains gourmets affirment même que cette algue grillée fait un excellent plat.

L'*Ulve comestible* (*fucus edulis*), remarquable par sa couleur verte nuancée de rouge, est plane, large et épaisse ; elle sert d'aliment en Écosse et en Irlande.

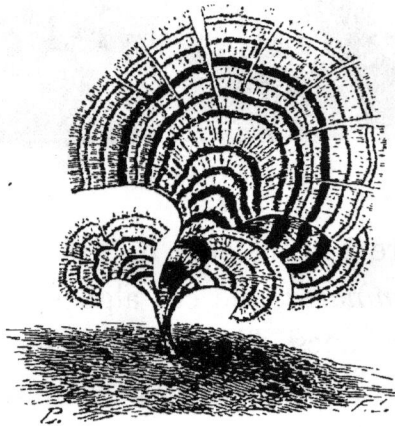

Fig. 3. — Zonaire Paon.

La *Zonaire paon* (*zonaria pavonia*) qui, par
sa forme gracieuse, rappelle la parure de
l'oiseau dont elle porte le nom, est représentée
très-fidèlement par la figure **3**; elle affecte
généralement une teinte grisâtre, rayée de
blanc, de vert et de brun.

La *Mousse de Corse* (*fucus vermifuge, cera-
mium helminthocortos*) est en rameaux grêles
et entrelacés formant des touffes serrées et
inextricables, de couleur purpurine ou violacée ;
on la voit fréquemment, sous forme de matière
cornée, à l'étalage des pharmaciens ; car c'est
l'un des meilleurs remèdes contre les vers ; il a
le précieux avantage d'être prompt et de ne pas
irriter les intestins des jeunes enfants.

Le *Craquet* (*fucus vésiculeux, fucus vesicu-
losus*) est en ramifications de couleur foncée ;
il est caractérisé par de petites outres semblables
à des pois et remplis d'air ; quand on marche
dessus, on entend une crépitation due à leur
rupture. Sur les côtes de Bretagne où il abonde,
on lui fait subir deux coupes par an, comme à
une prairie ordinaire ; on l'emploie pour la
fumure des terres, ou bien on le réduit en
cendres pour en extraire la soude et l'iode.

La *Delesserie rouge* (*delesseria sanguinea*)
fait partie d'un groupe d'algues qui sont

remarquables par la vivacité de leurs couleurs et l'élégance de leurs formes (fig. 4).

Fig. 4. — Delesserie rouge.

L'espèce *Edulis* sert d'aliment dans le nord de l'Europe.

Sur le sable et les rochers des côtes occidentales de la France, on voit des quantités considérables de varecs ou goëmons accumulés par les marées et les ouragans. Les habitants du littoral les recueillent pour les réduire en cendres, dont on extrait la soude de varec ou soude naturelle, ou pour les transporter dans les terres où ils servent d'engrais. Ces plantes marines séchées sont l'unique combustible des pauvres gens. On voit souvent, dans certaines baies, des groupes de vingt-cinq à trente mille personnes se rendre, soit sur les rochers pour faire la coupe des goëmons, soit sur la grève pour ramasser ceux qui y sont accumulés. Afin de ne pas tout laisser emporter par les plus riches, qui ont à leur disposition de nombreux ouvriers et de bons attelages, les prêtres du moyen âge avaient établi une coutume à la fois noble et ingénieuse. Le premier jour de la récolte, on n'admettait que les habitants peu aisés de la paroisse; ceux-ci empruntaient à leurs voisins, propriétaires ou fermiers, les attelages nécessaires pour faire une abondante récolte. Sur le littoral du Finistère, où l'on a conservé en grande partie les mœurs antiques, cet usage subsiste encore. Le premier jour de la récolte s'y appelle le jour du pauvre. Dès le matin, le prêtre se rend à la grève, et si un riche se présente : « Laissez, lui dit-il, les pauvres gens ramasser leur pain. » La voix du prêtre, empreinte d'un caractère touchant de charité évangélique, est toujours écoutée; le riche se retire.

Outre les nombreuses plantes qui appartiennent à la famille des algues, et qui sont intéressantes en raison de leurs formes, de leurs couleurs, et de leurs usages, il en est une qui fait partie de la famille des *Zostéracées* et qui n'est pas moins remarquable par ses longues feuilles rubanées d'un vert sombre que par les racines très-grêles qui l'attachent aux sables mouvants ; c'est la *Zostère marine* (*zostera marina*) ; elle est exploitée, sur plusieurs points du littoral de l'Océan, pour servir aux emballages et à la confection des coussins, des paillasses, etc... On dit même qu'employée en matelas, elle agit hygiéniquement et peut fortifier certains tempéraments débiles ou délicats.

Plantes fluviatiles

Parmi les plantes d'eau douce, il en est une qui, à juste titre, excite l'admiration des naturalistes et de tout observateur qui la possède dans un aquarium. Cette plante, c'est le *Vallisnérie* (*vallisneria spiralis*) qu'on trouve assez répandu dans les eaux tranquilles de l'Italie et du midi de la France. Son mode de fécondation, qui est tout à fait extraordinaire, l'a rendu très-célèbre. Voici ce qui se passe : chez

le Vallisnérie, les organes mâles et femelles
ne sont réunis ni dans la même fleur, ni sur
le même pied ; les deux sexes se trouvent sur
des individus distincts. La fleur femelle a un
pédoncule très-long qui affecte la forme d'un fil
tordu en spirale ; quelques jours avant la fécondation, la spire se déroule de manière à ce que
la fleur puisse monter à la surface de l'eau où
elle reste flottante. La fleur mâle, au contraire,
a un pédoncule très-court, dont la forme et la
nature d'ailleurs ne permettent aucune extension ; mais les étamines sont renfermées dans
une espèce de petit globule transparent qui
devient libre en se détachant de son pédoncule.
On voit alors monter, à la surface de l'eau, de
jolies petites perles blanches qui viennent s'ouvrir près des fleurs femelles. La fécondation
une fois opérée, le pédoncule de la fleur femelle s'enroule en spirale à tours serrés et ramène cette fleur au fond de l'eau où les graines
se mûrissent dans l'ovaire.

La *Renoncule aquatique* (*ranonculus aqua-
tilis*) est une charmante plante qui orne agréablement un aquarium ; au milieu de l'eau, ses
feuilles sont divisées en étroites lanières, tandis
que celles qui sont à la surface se présentent en
disques plus ou moins découpés ; la figure 5

représente des feuilles aériennes et des feuilles submergées.

Fig. 5. — Renoncule aquatique.

Chez une autre plante de nos eaux douces, la forme des feuilles est complétement modifiée par le courant; en effet, si la *Sagittaire-Flèche-d'Eau* (*sagittaria sagittifolio*) se trouve dans des étangs tranquilles, elle développe, au-dessus de l'eau, des feuilles qui ressemblent à des flèches; si, au contraire, elle est soumise à l'action d'eaux rapides et courantes, ses feuilles submergées ne forment que de longs rubans. La figure 6 représente les feuilles aériennes et submergées de la Sagittaire.

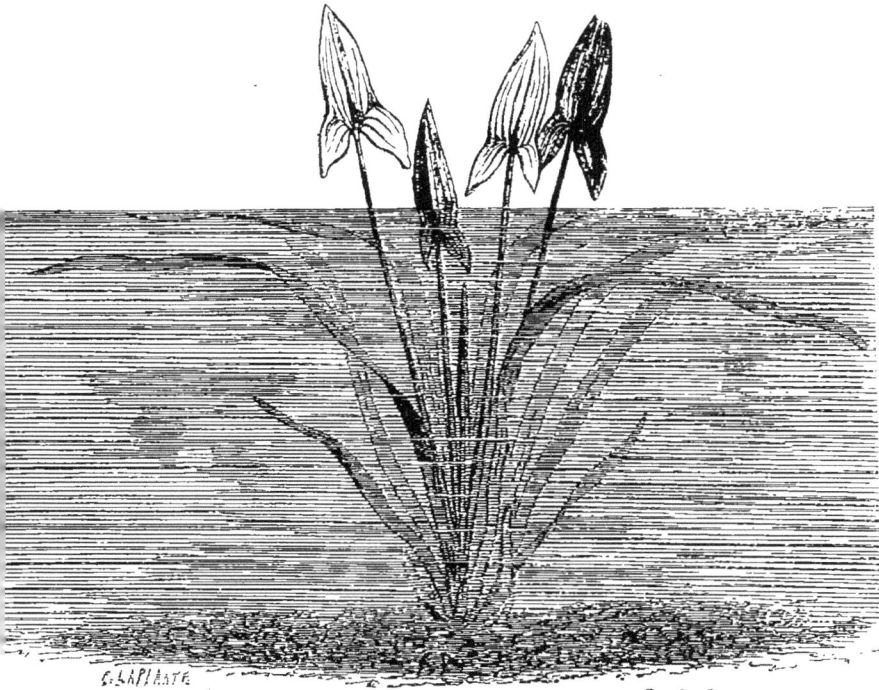

Fig. 6. -- Sagittaire-Flèche-d'Eau.

Une plante exotique, l'*Anacharis du Canada* (*anacharis canadensis*), offre un intérêt tout particulier dans un aquarium, en raison d'abord de son mode de reproduction, et ensuite de son

acclimatation accidentelle en Europe. Transpor-
tée dans les eaux de la Tamise, probablement
avec des charpentes du Canada, l'Anacharis y
a pris, en quelques années, un développement
très-considérable. Détachée du fond des eaux,
elle peut encore continuer longtemps sa végétation en flottant au gré des vents; et comme
une portion de tige seulement suffit pour la re-
produire, il arrive souvent qu'au bout de quelques mois elle entrave la navigation des ca-
naux.

Plusieurs autres plantes offrent de l'intérêt
dans les aquariums d'eau douce :

1. Charagne commune (*chara vulgaris*);
2. Callitriche printanière (*callitriche verna*) ;
3. Conferves (*confervæ*), — diverses espèces;
4. Fontinale (*fontinalis*) ;
5. Hydrocharis morrène (*hydrocharis morsus ranæ*);
6. Lentilles d'eau ou Lemna (*lemnæ*), — diverses espèces;
7. Lys des étangs ou nénuphar blanc (*nymphæa alba*) ;
8. Potamots ou potamogétons, — diverses espèces;
9. Vaucherie (*vaucheria*);
10. Véronique beccabunga (*veronica beccabunga*) ;
11. Volant d'eau à épi (*myriophyllum spicatum*).

ZOOPHYTES

Les animaux de cette classe se distinguent par la simplicité de leur organisation, qui est, sous tous les rapports, bien inférieure à celle des autres animaux, et par la disposition ou l'arrangement de leurs parties constituantes, qui assez généralement forment, autour d'un point central, des rayons semblables à ceux d'une étoile; cette disposition leur avait fait donner le nom de *Rayonnés*. Aujourd'hui on leur donne de préférence le nom de *Zoophytes*, (*animaux-plantes*), à cause de leur aspect et surtout de la forme de leurs appendices qui rappellent ceux de certaines plantes.

Ces animaux n'ont ni tête ni membres articulés.

2.

Polypes et Polypiers

Le Polype est un animal d'une organisation très-simple : il se réduit à une espèce de sac ou poche contenant un estomac; il ne présente qu'une seule ouverture qui sert à tous les usages en général ; cette ouverture est entourée de *tentacules* qui font l'office de pattes mobiles destinées à saisir et à retenir les proies qui le touchent et qui peuvent être absorbées par le polype.

Ces animaux se reproduisent de deux manières : par les *larves* qu'ils jettent au dehors et par les *bourgeons* qu'ils produisent sur eux. Ils vivent soit isolément, à l'état errant ou en se fixant à des corps étrangers, soit en groupes plus ou moins nombreux. Ceux qui vivent en groupes proviennent toujours d'un polype unique, sur lequel ont bourgeonné d'autres individus, qui eux-mêmes ont donné naissance à un grand nombre d'autres se reproduisant à l'infini par bourgeonnements, de sorte que, dans un laps de temps assez court, il s'en trouve des milliers étroitement accolés. Généralement, ces polypes agrégés sécrètent une substance calcaire qui forme une sorte de tige ou d'axe sur lequel ils sont tous étalés, et qu'on désigne sous le nom de *Polypier*.

1. L'*Éponge* se trouve soit dans l'eau douce soit dans la mer. On a longtemps discuté sur sa nature; parmi les anciens, les uns la regardaient comme une plante, les autres comme un animal; aujourd'hui, l'animalité de l'Éponge est admise par tous les savants. Dans la mer, ce groupe d'êtres encore imparfaitement connu se présente sous la forme d'une masse de tissu léger, élastique, de couleur blonde ou roussâtre, toujours adhérente à des corps étrangers.

On connaît plus de 300 espèces d'Éponges, dont les formes sont très-variées.

L'*Éponge usuelle* (*spongia usitatissima*) affecte une forme irrégulièrement arrondie, généralement un peu concave en dessus.

A l'état vivant, les Polypes ou habitants de l'Éponge sont des espèces de tubes transparents, susceptibles de contraction ou d'extension; ils forment une matière gluante qui s'écoule quand on retire l'éponge de l'eau. La figure 7 représente une portion très-grossie, qui permet de

voir les cellules ou loges de chaque polype reje-
tant l'eau qui a passé par son estomac et dont
il s'est assimilé les matières nutritives.

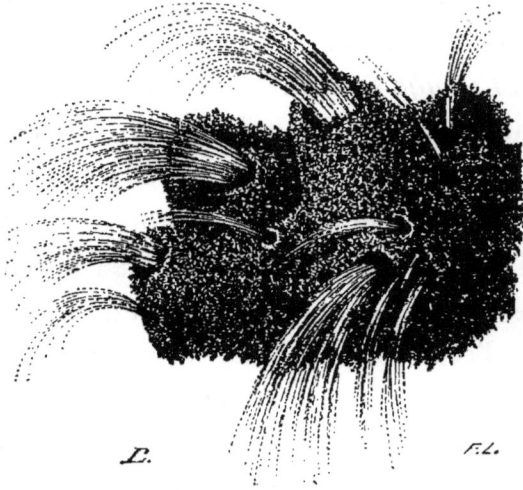

Fig. 7. — Éponge usuelle vivante.

2. Le *Corail* (*corallium*) a été considéré
pendant longtemps comme une plante marine,
que les anciens Grecs appelaient *Fille de la Mer*.
Aujourd'hui, pour tous les naturalistes, le Corail est une réunion de polypes qui, par leur
agrégation, composent un polypier.

L'un des plus brillants et des plus renommés
parmi ces polypiers, c'est le *Corail rouge* (*corallium rubrum*) qui, dans la Méditerranée, forme

des buissons, des taillis, souvent même de petites forêts d'une belle couleur purpurine sus-
pendues aux rochers les plus accidentés. Chaque
pied de corail ressemble à un joli petit arbris-
seau rouge, dépourvu de feuilles, et portant de
délicates fleurs étoilées à rayons blancs, comme
ces arbres qui, au premier printemps, ont des
fleurs avant les feuilles (fig. 8).

Fig. 8. — Corail rouge vivant.

Le corail est employé comme ornement; on
en fabrique des bijoux qui sont recherchés dans
toutes les parties du monde.

3. Les *Madrépores* (*madrepora*) sont remarquables par la diversité de leurs formes et par l'encroûtement calcaire qui enveloppe toujours leur tissu et qui détermine la formation des polypiers. On les reconnaît aisément à leur structure étoilée (fig. 9).

Fig. 9. — Groupe de Madrépores.

4. *Anémones de mer* ou *Actinies* (*anemonia, actinia*). Les poëtes regardaient ces fleurs vivantes comme les roses du monde des zoophytes, et le nom d'*Anémones*, qu'on leur donne aujourd'hui, est parfaitement choisi; elles ressemblent, en effet, beaucoup plus à des fleurs qu'à des animaux. On les appelle aussi *Actinies*, pour indiquer leur structure étoilée ou radiée.

Les Anémones de mer sont des polypes isolés qui affectent généralement la forme d'une bourse cylindrique dont l'ouverture est bordée de tentacules; elles sont charnues et teintées des couleurs les plus brillantes et les plus variées. La base est, en général, une surface plane, à l'aide de laquelle ce zoophyte se fixe, par adhérence, aux galets, aux rochers, aux plantes et souvent même aux glaces des aquariums. Il est vorace et glouton; les animaux qui tombent sur les tentacules ou qui ne font que les effleurer sont immédiatement saisis par ces organes, qui se rapprochent, se contractent et se ferment pour précipiter la proie dans la bouche béante qui se trouve au centre du disque; et si cette proie est trop grosse pour entrer dans la bouche, l'anémone l'enveloppe en projetant son estomac en dehors.

Il est curieux de voir les gardiens de l'aquarium répandre, à l'aide d'une longue baguette, de petits fragments de chair ou de viande sur les tentacules épanouies d'une actinie ; aussitôt, la jolie collerette se contracte et pousse la proie dans la bouche ; puis elle s'épanouit de nouveau, balance de tous côtés ses pétales qui se redressent et se tordent en ravivant leurs couleurs. C'est la satisfaction du gourmet qui a fait un bon repas.

Quand on irrite l'*Anémone rousse*, elle lance sur l'importun l'eau contenue dans sa bourse ; aussi, en Provence, on lui donne le sobriquet de *pissuso*.

Plusieurs de ces zoophytes sont bons à manger ; on en fait une assez grande consommation dans plusieurs de nos départements maritimes ; en hiver, de janvier à mars, on vend sur les marchés de Rochefort l'*actinia coriacea ;* et l'*Actinie verte* (*actinia sulcata*), très-commune dans la Méditerranée, est recherchée par les Provençaux. Quelques gourmets prétendent même que la *crassicorne* (*actinia crassicornis*), simplement bouillie dans l'eau de mer, devient ferme et appétissante, et qu'elle a la saveur de l'écrevisse.

Fig. 10. — Anémones de mer ou Actinies.

1. L'Anémone déchirée (*a. viduata*);
2. Le Cubasseau (*a. equina*);
3. L'Actinie parasite (*a. parasitica*);
4. L'Edwarsie (*edwarsia*).

5. *Méduses* ou *Orties de mer*. Ces charmants animaux, auxquels on a donné un nom bien terrible, flottent à la surface de la mer, où ils se présentent sous forme de calottes ou d'ombrelles transparentes, tantôt d'une limpidité de cristal blanc, tantôt colorées des teintes les plus délicates. Ils ressemblent à des champignons de

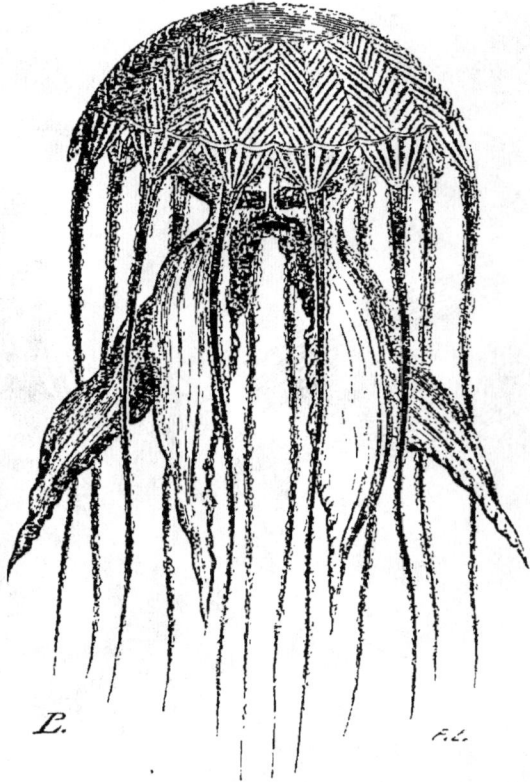

Fig. 11. — Chrysaore de Gaudichaud.

gélatine, d'où pendent des filaments qu'on pourrait prendre pour des radicelles.

La figure 11, qui représente la *Chrysaore de Gaudichaud* (*chrysaora gaudichaudi*), donne une idée des formes élégantes et gracieuses des méduses. Son ombrelle est une demi-sphère rayée de rouge-brun et bordée de douze grands festons, d'où part un nombre égal de tentacules très-longues, d'un rouge vineux. Le pédoncule est écrasé et porte quatre larges bras foliacés.

La *Turris négligée* (*turris neglecta*), qui abonde sur les côtes de France, est une jolie clochette rougeâtre, ornée d'une frange neigeuse.

Lorsqu'on touche certaines méduses, on éprouve une forte démangeaison qui rappelle celle de l'ortie; de là le nom d'*Ortie de mer* donné à ces zoophytes.

L'une des plus redoutées, c'est la *Méduse chevelue* (*cyanœa capillata*). Son ombrelle, de couleur brune, est élégamment découpée et festonnée; mais elle porte une longue chevelure flottante presque diaphane, dans laquelle s'embarrassent les jambes ou les bras des baigneurs. La méduse, effrayée, abandonne alors sa chevelure, dont les filaments font éprouver une sensation brûlante qui se prolonge souvent pendant plusieurs jours.

6. *Hydrostatiques*. La figure 12 peut donner une idée de la singulière et élégante disposition de ces polypes agrégés.

La *Praya diphyes* est assez abondante dans la Méditerranée, où elle atteint quelquefois une longueur de plus d'un mètre. Elle est formée d'une colonie de polypes remorqués par deux grandes cloches ou vessies remplies d'air.

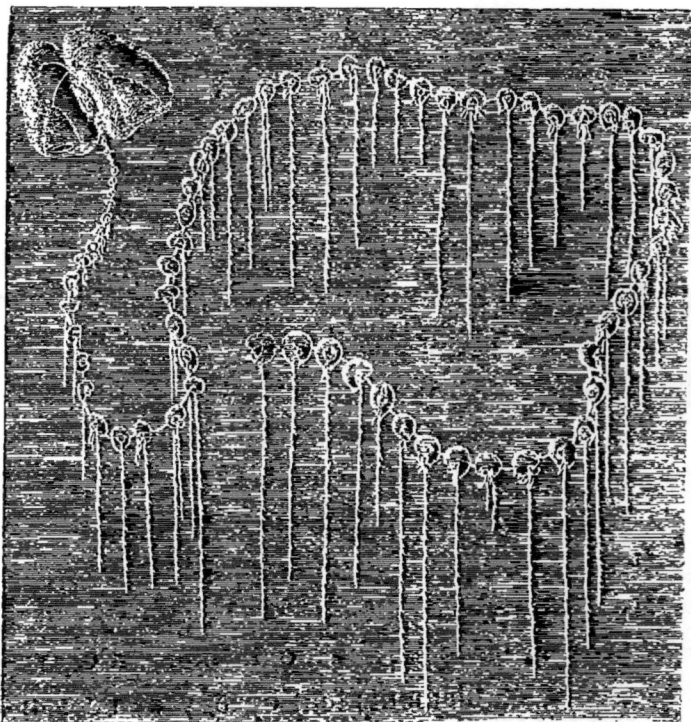

Fig. 12. — Praya diphyes

Échinodermes

Les *Échinodermes* sont des animaux dont la peau, ainsi que leur nom l'indique, est hérissée de piquants ; ce sont les *Hérissons* de la mer.

On comprend, dans ce groupe, les étoiles de mer, les comatules et les oursins.

1. *Etoiles de mer* ou *Astéries*. Ces zoophytes sont exclusivement marins, et présentent cinq bras parfaitement égaux, qui leur donnent quelque ressemblance avec une étoile ou une croix d'honneur.

L'Étoile de mer la plus commune en Europe est l'*Astérie rougeâtre* (*asterias rubens*), qui recherche les plages sablonneuses, où on la voit ramper avec prudence et lenteur, à l'aide de ses bras hérissés de suçoirs. Son corps est soutenu par une enveloppe calcaire, composée de pièces juxtaposées dont le nombre dépasse onze mille.

Les astéries sont très-voraces ; elles attaquent même les mollusques pourvus de coquilles. L'Huître, renfermée entre ses deux valves parfaitement closes, n'est pas à l'abri des atteintes de l'Étoile de mer, qui commence par appliquer sa bouche sur le point de jonction de ces valves; puis, au moment où l'Huître, pour respirer et prendre un peu de nourriture, entr'ouvre légèrement sa coquille, l'assaillante verse à l'intérieur quelques gouttes d'une liqueur âcre et mordante qui force le malheureux bivalve à ouvrir ses écailles et à se laisser dévorer.

Les astéries habitent généralement des stations peu profondes et recherchent avec avidité les chairs mortes et les matières animales cor-

Fig. 13. — Groupes d'Étoiles de mer.

rompues. Par ces deux motifs, elles sont très-utiles dans les aquariums, qu'elles nettoient et qu'elles assainissent.

2. *Comatules.* Ces êtres, aussi élégants que curieux, sont, comme les astéries, pourvus de cinq bras; mais ces bras se bifurquent immédiatement. Leur corps est aplati et présente une grande plaque calcaire en forme de cuirasse.

Fig. 14. — Comatule de la Méditerranée.

La *Comatule de la Méditerranée* (*comatula mediterranea*) est très-répandue dans les mers de l'Europe ; elle a environ un mètre de largeur et affecte une belle couleur purpurine, tachetée de blanc et agréablement nuancée.

3. *Oursins* ou *Hérissons de mer*. Au premier aspect, les Oursins ressemblent à des châtaignes revêtues de leur enveloppe épineuse. Ils sont renfermés dans une tunique calcaire couverte de piquants mobiles qui recouvrent et protégent

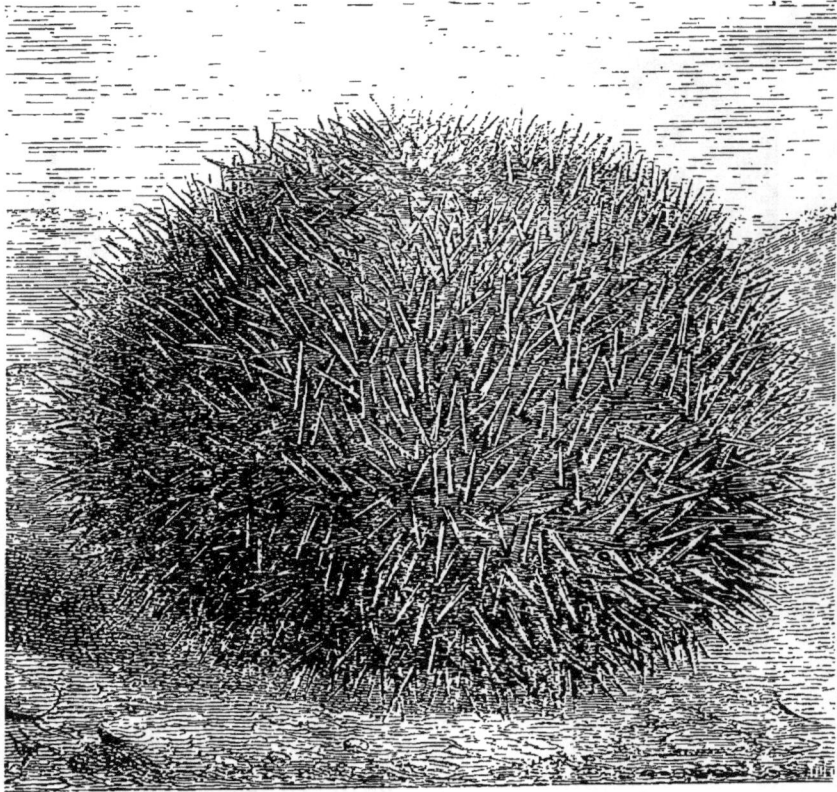

Fig. 15. — Oursin comestible.

cette demeure ; de là le nom de *Hérissons* qu'on donne vulgairement à ces animaux. Les piquants sont généralement très-nombreux ; on en compte souvent jusqu'à trois mille. La carapace est composée d'environ dix mille pièces parfaitement agencées ensemble, et elle est percée de trous qui donnent passage à des suçoirs, à l'aide desquels l'animal chemine et se fixe aux corps étrangers. La bouche est armée de cinq dents aiguës, dont l'Oursin se sert pour déchirer sa nourriture et pour se creuser des trous de retraite ou d'abri dans les rochers les plus durs.

Sur les côtes de France, on mange l'*Oursin granuleux* (*echinus granulosus*), l'*Oursin livide* (*e. lividus*) et l'*Oursin comestible* (*e. esculentus*).

Ces trois espèces sont très-communes. On prétend que la cuisson leur donne le goût et la couleur de l'écrevisse ; dans quelques contrées, on les mange à la mouillette comme des œufs frais.

MOLLUSQUES

Le nom même de ces animaux indique leur caractère essentiel : la substance molle de leur corps, *mollis*.

Ils sont généralement renfermés dans une coquille, double ou simple, qui acquiert quelquefois la dureté de la pierre ; on les appelle alors *Coquillages*.

Les mollusques aquatiques sont remarquables par l'immense variété de leurs formes, qui sont souvent très-élégantes, et par la beauté et la richesse de leurs couleurs, qui sont quelquefois très-éclatantes ; ils ne le sont pas moins par le rôle important qu'ils remplissent dans les eaux et par les ressources que quelques espèces offrent à la nourriture de l'homme.

Coquillages d'eau douce

1. *Anodontes*. Ces coquillages, à deux valves ou bivalves, sont vulgairement connus sous le nom de *Moules d'étang;* on les trouve dans le sable ou la vase des cours d'eau, des lacs et des étangs, et on les distingue facilement des autres mollusques d'eau douce par la supériorité de leur taille. Les coquilles sont nacrées à l'intérieur et offrent extérieurement une teinte noir-verdâtre.

L'*Anodonte des cygnes* (*anodonta cygnea*)

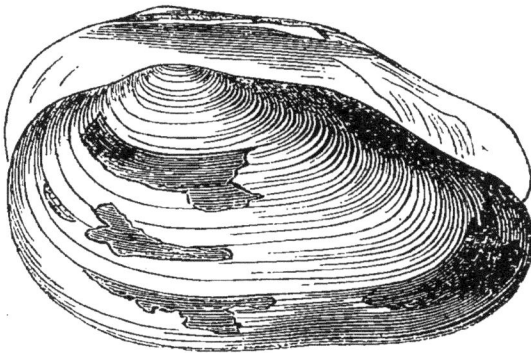

Fig. 16. — Anodonte des cygnes.

a des valves grandes, profondes et légères ; dans le nord de la France, on s'en sert, sous le nom d'*Ecafottes*, pour écrémer le lait.

2. *Mulettes.* Ces mollusques bivalves, connus sous le nom de *Moules de rivière*, habitent, comme les anodontes, les fonds vaseux des eaux douces. L'extérieur de la coquille est vert-noirâtre ; l'intérieur est nacré avec des nuances pourpres, violettes et irisées.

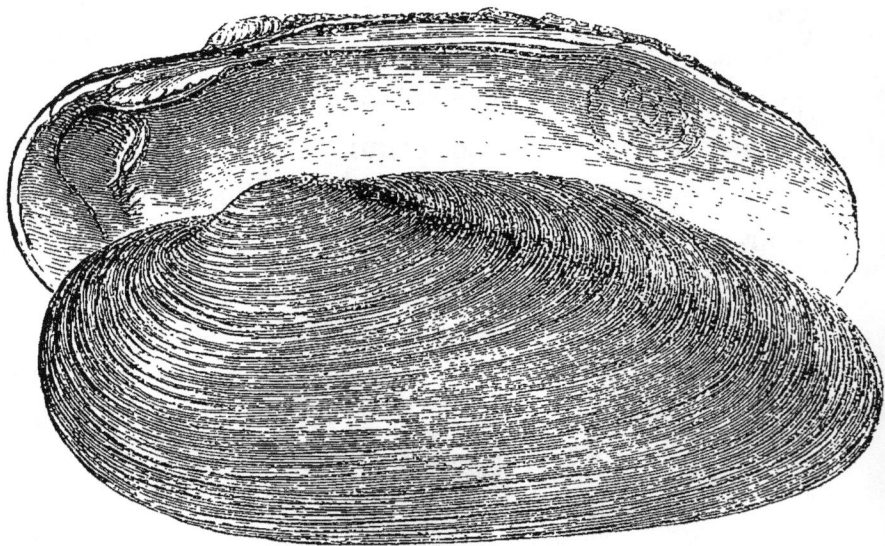

Fig. 17. — Mulette des peintres.

Les espèces les plus importantes qui vivent dans nos eaux douces sont : 1° la *Mulette du Rhin* ou *sinuée* (*unio sinuata*), grand coquillage dont la nacre est employée pour parures; 2° la *Mulette littorale* (*unio littoralis*) ; et 3° la *Mulette des peintres* (*unio pictorum*), coquillage oblong et mince, qui sert à contenir des couleurs.

Ces animaux, dont la chair est coriace et fade, ne sont pas mangeables.

Ils produisent quelquefois des perles, mais d'une valeur bien minime. Pour provoquer la formation des perles, il suffit de pratiquer un petit trou dans la coquille et de faire une légère blessure au mollusque ; on le dépose ensuite dans un vivier ou un étang pendant cinq ou six ans. Les essais qui ont été faits à cet égard n'ont donné que des résultats peu satisfaisants.

3. *Limnées.* Les animaux qui appartiennent à ce groupe ne peuvent rester longtemps dans l'eau sans venir respirer à la surface : ils sont, comme les Dauphins et les Phoques parmi les mammifères, obligés de respirer l'air atmosphérique. A cet effet, la Limnée se renverse à fleur d'eau, et rampe, dans cette position, comme si elle était à la surface d'une glace.

La *Limnée des étangs* (*limnea stagnalis*) est renfermée dans une coquille mince, diaphane, dont les tours des spires sont assez allongés ; sa tête est large et aplatie, et sa bouche est munie de petites dents et d'une langue de consistance assez dure. Cette organisation lui permet de couper et de broyer les plantes aquatiques dont elle fait sa nourriture.

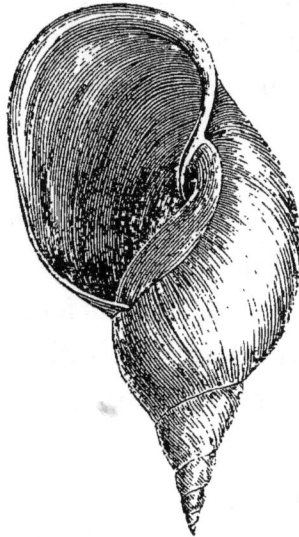

Fig. 18. — Limnée des étangs.

Coquillages marins

1. *Rochers.* Les coquillages à une seule valve, c'est-à-dire d'une seule pièce, sont abondants dans toutes les mers. Sur nos côtes, les plus

Fig. 19. — Rocher hérisson. Nasse réticulée.

communs sont le *Rocher* (*murex*). Dans la Manche particulièrement, le *Rocher hérisson* (*murex erinaceus*) est en grand nombre sur les fucus et les algues. Sa coquille est hérissée d'excroissances en forme de gouttières ou de rognons. Ce mollusque produit une couleur pourpre. La *Nasse réticulée* (*nassa reticulata*) avec son appareil perforant entame l'enveloppe calcaire des autres mollusques, et fait souvent de grands ravages sur les bancs d'huîtres. Sa coquille est couverte de stries qui lui donnent l'aspect d'un damier.

2. *Vénus.* Ce nom emprunté à la mythologie a été donné à des mollusques qui sont remarquables par la variété des couleurs et l'élégance des dessins de leur coquille.

Les vénus vivent enterrées dans le sable. Sur notre littoral, notamment dans le Midi, on mange la *Clovisse* et la *Praire.*

La *Clovisse* ou *Vénus croisée* (*vénus decussata*) est abondante dans la Méditerranée ; on la mange accommodée aux fines herbes.

La *Praire* ou *Vénus à verrues* (*venus verrucosa*) est très-estimée des gourmets, qui la préfèrent même à l'Huître : on lui attribue des propriétés hygiéniques sur les constitutions faibles ou délicates. Ce précieux mollusque a été l'objet d'une notice très-intéressante de M. Bretagne, ancien magistrat. On peut consulter, dans le Bulletin de la Société zoologique d'acclimatation, ce travail qui est conçu dans une pensée tout à fait philanthropique.

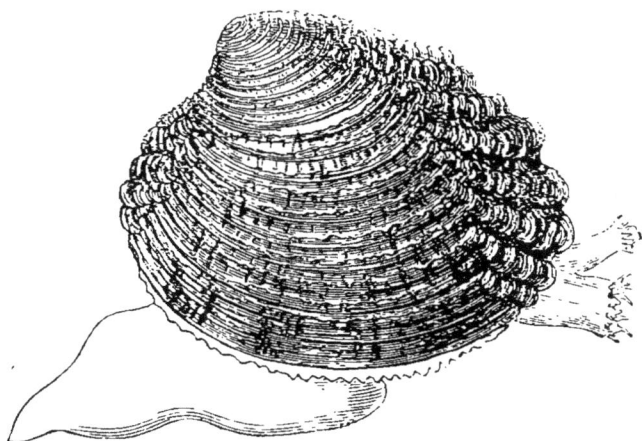

Fig. 20. — Vénus à verrues ou Praire.

3. *Spondyles.* Ces mollusques se fixent sur les rochers ou les corps sous-marins. Les amateurs et collectionneurs attachent un grand prix à leur coquille qui est hérissée de longues épines parées de couleurs vives et variées. On en trouve une belle espèce dans la Méditerranée, c'est le *Spondyle-Pied-d'Ane (spondylus gœderopus)*; mais la plus remarquable, c'est incontestablement le *Spondyle royal (spondylus*

regius) qui, par sa beauté et sa rareté, atteint une valeur de *plusieurs milliers de francs.*

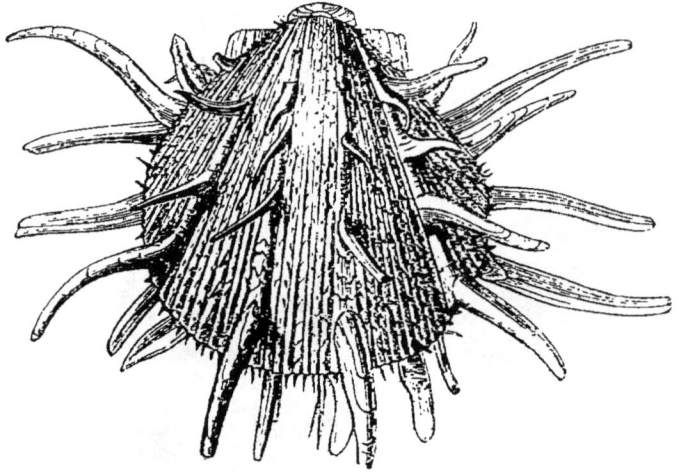

Fig. 21. — Spondyle royal.

4. *Pourpres.* Ces coquillages vivent soit dans le sable, soit dans les anfractuosités des rochers. Ils n'ont ni mâchoire, ni langue ; mais ils sont armés d'une trompe musculeuse et mobile qui leur permet d'entamer des corps très-durs ; c'est à l'aide de cet appareil garni de petites dents ou stries qu'ils perforent la coquille des huîtres pour en dévorer l'animal.

Ces mollusques fournissaient aux Grecs et aux Romains la matière colorante, connue sous le nom de *pourpre*, qui était réservée au manteau

des patriciens. La pourpre des anciens n'était
pas rouge ; sa couleur était d'un violet éclatant
nuancé de rouge. La ville de Tyr eut, pendant
longtemps, le monopole de cette teinture.

On croit généralement que le coquillage
connu sous le nom de *Pourpre à teinture* ou
Pourpre des teinturiers (*purpura lapillus*), était
l'une des espèces dont on faisait usage. On en
retire, en effet, une couleur violette très-écla-
tante et très-remarquable par ses reflets bleuâtres ; appliquée sur des étoffes de soie ou de
laine, cette couleur résiste parfaitement à l'action des lessives et à celle des rayons solaires.

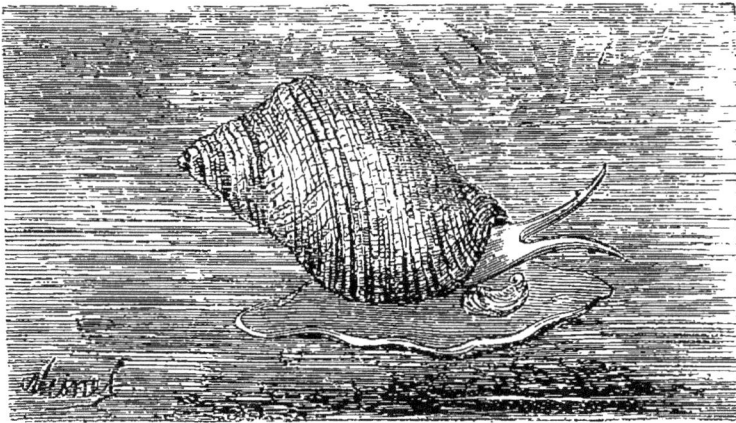

Fig. 22. — Pourpre à teinture.

La pourpre est produite par une glande qui,

dans ces dernières années, a été découverte par l'un de nos jeunes savants les plus distingués, M. Lacaze-Duthiers, l'auteur d'un excellent ouvrage sur le corail.

De nos jours, depuis la découverte de la cochenille et de l'écarlate, cette couleur est complétement abandonnée.

Céphalopodes

Ce nom, formé de deux mots grecs dont l'un veut dire *tête* et l'autre *pieds*, a été donné à des mollusques dont les pieds s'insèrent à la partie antérieure de la tête.

Les *Céphalopodes nus* de nos mers sont les *Sèches*, les *Calmars*, les *Poulpes*; ils se présentent sous la forme d'un sac charnu, plus ou moins arrondi ou allongé; à l'extrémité, est une grosse tête avec deux grands yeux, et une bouche armée d'un bec dur et tranchant comme celui d'un perroquet; autour du bec s'adaptent huit ou dix bras dont la longueur est quelquefois considérable; ces bras sont garnis de deux ou trois rangées de ventouses qui peuvent adhérer fortement aux corps même les plus lisses et les plus glissants.

Les Céphalopodes sont rusés, voraces et destructeurs; on les trouve, en grand nombre, dans l'Océan et la Méditerranée. Ils pondent des œufs réunis en grappes que l'on désigne sous le nom de *Raisins de mer*.

La plupart de ces mollusques ont, à l'intérieur, une poche remplie d'une liqueur noirâtre qui ressemble à l'encre ordinaire. Pour échapper aux atteintes d'un ennemi ou d'un assaillant, ils lancent autour d'eux une partie de cette liqueur qui trouble et obscurcit l'eau.

1. *Sèches.* Les sèches ont un sac qui, sur toute sa longueur, est bordé d'une nageoire étroite.

La *Sèche élégante* (*sepia elegans*) a une tête très-grosse, courte et aplatie, qui porte deux gros yeux, et qui est surmontée de dix bras ou pieds, dont huit sont courts, et deux très-allongés et terminés par une sorte de spatule. Dans le dos, se trouve un corps plat, léger et friable, appelé *os de sèche*, que les oiseaux aiment à becqueter, et que les orfèvres emploient pour polir les métaux; cet os pulvérisé et coloré en rouge est vendu sous le nom de *poudre de corail* dont on se sert pour nettoyer les dents. Enfin, c'est avec l'encre de la sèche que l'on prépare la *sépia* de Rome, employée dans la peinture à l'aquarelle.

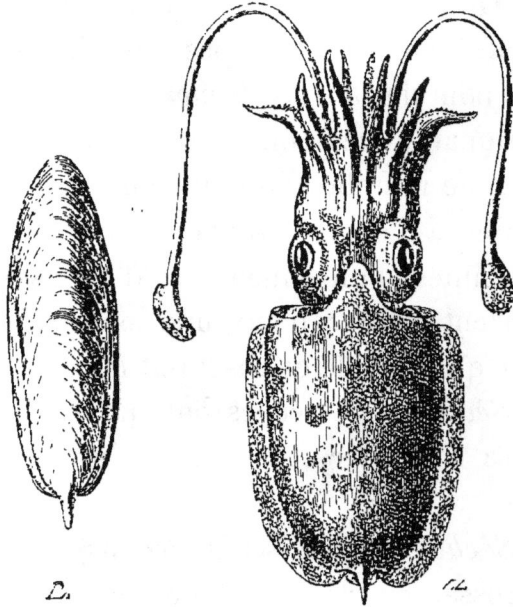

Fig. 23. — Sèche élégante et son os.

2. *Pieuvre* ou *Poulpe vulgaire* (*octopus vulgaris*). V. Hugo, dans *Les Travailleurs de la Mer*, a fait, de la Pieuvre, un animal à la mode. Tout le monde en parle, tout le monde veut la voir ; et cette agitation se manifeste par l'empressement du public qui, depuis plusieurs

semaines fixe des regards avides et curieux sur un bac contenant une pieuvre.

Le Poulpe vulgaire a la forme d'une bourse ou sac dont l'ouverture est presque entièrement fermée par huit cordons effilés et très-longs. Cette bourse est un manteau qui recouvre le corps ; les cordons sont les bras ou tentacules ; et l'ouverture placée au centre de la couronne de ces bras est la bouche. Un peu au-dessous de cette couronne, se trouvent deux yeux saillants dont l'iris est doré et dont la pupille est noire.

Le Poulpe ne respire pas par la bouche, mais par une fente transversale du manteau qu'il ouvre démesurément et à des intervalles très-rapprochés, pour faire entrer une grande quantité d'eau chargée d'air, à l'intérieur de ce manteau, dans une cavité où se trouvent les organes respiratoires formés de deux branchies volumineuses. On voit sortir, de cette ouverture, un gros tube qui s'ouvre et se ferme alternativement. Ce tube sert à la sortie de l'eau qui a passé sur les ramifications des branchies où elle s'est dépouillée d'une partie de son air vital ; et cette expulsion d'une colonne d'eau assez forte devient, à la volonté de l'animal, un puissant appareil de locomotion ; le tube sert, d'ailleurs, à rejeter les résidus de la digestion.

Fig. 24. — La Pieuvre.

Pour l'entrée et la sortie de l'eau, la cavité du manteau qui renferme les deux branchies se dilate et se contracte alternativement ; cette respiration imprime au sac des mouvements semblables à ceux d'une pompe aspirante et foulante, et contribue à donner à l'animal un aspect peu rassurant.

Cet aspect n'est pas modifié par le regard du Poulpe qui est fixe, singulièrement désagréable et presque fascinateur ; souvent même, le rusé céphalopode en ménage habilement l'effet par des clignotements successifs qu'il opère en rapprochant les deux paupières de ses yeux saillants.

Les tentacules sont coniques, effilées, très-souples et très-longues ; chez les plus gros individus observés jusqu'à ce jour sur nos côtes, elles ne dépassent pas cinquante-cinq à soixante centimètres. Elles font, à la fois, l'office de bras et de pieds ; car l'animal s'en sert pour se cramponner aux objets extérieurs, pour saisir et retenir sa proie, pour nager et pour ramper ; selon ses besoins, il les roule, les allonge, les tord ou les replie avec la plus grande facilité. Chaque tentacule est garnie, sur la face interne, de deux rangs de ventouses qui, à la volonté de l'animal, s'appliquent et adhèrent aux surfaces

4

les plus polies et les plus glissantes, et particulièrement au corps des poissons, des mollusques et autres habitants de la mer ; le nombre total de ces ventouses s'élève à peu près à deux mille !

Quand le Poulpe s'est emparé d'une proie, il l'approche de sa bouche pour la déchirer.

Cette bouche est terriblement armée ! Elle présente deux mandibules de nature cornée, très-dures et recourbées en forme de bec de perroquet, qui se meuvent verticalement et qui se rapprochent par leur bord tranchant ; elles coupent comme des ciseaux et déchirent comme un crochet aigu. Ce n'est pas tout : la langue, qui est cornée à la partie supérieure, est hérissée de dents recourbées et présente, sur les côtés, trois dents crochues.

Avec de pareilles armes, le Poulpe ne peut être qu'un animal très-carnassier ; la mer n'a pas d'habitant plus vorace. Blotti ou caché dans les anfractuosités des rochers, comme un brigand en embuscade, il guette sa proie et la saisit au passage, ou bien, nageant très-vite, il fait une chasse meurtrière aux mollusques, aux crustacés et aux poissons ; dans les cantons qu'il habite, il inspire, d'ailleurs, un tel effroi que les animaux qui l'ont vu en embuscade ou en chasse, et surtout ceux qui ont échappé à ses atteintes, s'éloignent des parages qu'ils fréquentaient et font ainsi éprouver, aux pêcheurs de ces localités, un préjudice souvent très-considérable.

Cet instinct de voracité et de destruction est à la fois si impérieux et si irréfléchi, que le Poulpe lance avec précipitation ses tentacules et en applique les ventouses autour des jambes ou des bras des personnes qui entrent dans les bas-fonds qu'il habite. Le contact de ces lanières froides et molles, qui vous frappent comme d'un coup de fouet, est toujours très-désagréable ; et l'on a vu quelquefois des baigneurs complétement paralysés dans leurs mouvements par l'effroi qu'ils en éprouvaient.

En général, ces attaques du Poulpe, motivées soit par l'instinct de la voracité, soit par celui de la défense, sont peu dangereuses pour l'homme ; une simple secousse suffit souvent pour faire lâcher prise à ce vilain mollusque ; on s'en débarrasse, d'ailleurs, très-facilement, et très-promptement en lui versant, sur le dos, quelques gouttes d'ammoniaque ou même de vinaigre.

On le rencontre habituellement près des côtes, à une profondeur de quelques mètres seulement au-dessous du niveau des plus basses marées; quand il est jeune, il y vit en troupes quelquefois assez nombreuses. Quand il a atteint quelques années, il devient solitaire, et se retire dans les failles ou les fentes des rochers des stations les plus âpres et les plus rocailleuses. Dans ces retraites, où il meurt généralement à l'âge de cinq ou six ans, il détruit et dévore, durant sa vie, les animaux qui passent à sa portée, ou qui viennent se réfugier sous les abris qu'il occupe. Mais, dans nos mers, il ne paraît pas pouvoir y prendre un accroissement ou des dimensions capables d'en faire un de ces monstres qui, dès la plus haute antiquité, ont été l'objet de récits terribles et merveilleux.

Malgré la laideur et l'aspect repoussant du Poulpe, les habitants de certaines parties du littoral de la Méditerranée mangent ce mollusque après l'avoir fait cuire au court-bouillon ou au vin. La chair alors en est ferme et a le goût du homard. A l'état frais, le Poulpe découpé en lanières sert d'amorces pour la pêche.

3. L'*Argonaute papyracé* (*argonauta argo*) est un céphalopode testacé, c'est-à-dire pourvu d'une coquille. Ce gracieux animal, chanté par les poëtes comme l'emblème de la navigation, se fait remarquer par ses huit bras ou tenta-

cules, garnis de deux rangées de ventouses et
formant une couronne autour de la bouche.
Six de ces bras sont effilés ; les deux autres sont
plus forts et terminés par une large dilatation
membraneuse. L'Argonaute se sert de sa coquille
comme d'un bateau léger, employant ses tentacules étroites comme des rames qui frappent
l'eau de chaque côté, et relevant ses tentacules
dilatées comme des voiles. Au moindre danger,
il plie ses voiles, rentre ses bras, et descend au
fond de l'eau.

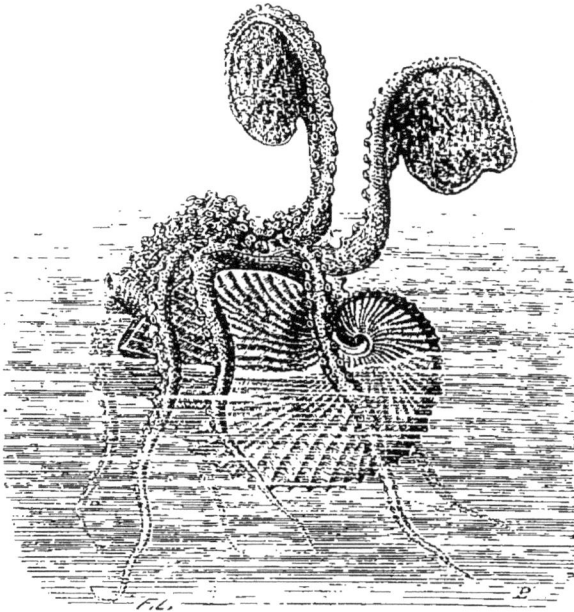

Fig. 25. — Argonaute naviguant.

4.

CRUSTACÉS

Les crustacés doivent leur nom à cette croûte (*crusta*) qui leur sert de demeure et d'armure. En général, ils sont munis de fortes pinces dentelées et crochues qui constituent de puissants engins de défense ou d'attaque. Ainsi armés et protégés, ils rappellent ces chevaliers du moyen âge, bardés de fer et d'acier. Robustes, hardis et destructeurs, ils forment, sur la plage ou au milieu des rochers, une horde de brigands ou de maraudeurs qui pillent, saccagent et détruisent sans merci et sans pitié. Souvent même, ils se battent à outrance entre eux, pour la possession d'une proie ou d'une femelle, quelquefois aussi pour le seul plaisir de se battre ; absolument comme fait l'homme ! mais après ces combats ou batailles, l'homme reste bien souvent affreusement mutilé ; pour le crustacé, ce n'est qu'une affaire de temps ; les antennes, les pattes et la queue, quand elles sont emportées ou déchirées, repoussent après quelques semaines de repos. D'ailleurs, à des époques périodiques, il change de peau ou d'armure. Après cette mue, il est nu et mou ; et, comme il a le sentiment de sa faiblesse, il va se blottir dans un coin ou un trou bien obscur, jusqu'à ce que bonne nature lui ait refait un habit solide et approprié à sa nouvelle taille.

1. *Homard* (*homarus vulgaris*) ; *Langouste* (*palinurus vulgaris*) fig. 26. Les homards et les langoustes peuvent être considérés comme de grosses écrevisses marines ; ce sont les grands seigneurs du monde des crustacés.

Le Homard se distingue nettement de la Langouste par sa couleur, son dos lisse, et surtout par ses pinces énormes; la Langouste a de très-petites pinces et le dos épineux ; ce dernier caractère, vous ne l'oublierez pas, lecteur, en vous rappelant que l'empereur romain Tibère fit déchirer le visage d'un pauvre pêcheur avec la cuirasse raboteuse d'une langouste !

Sur les côtes de l'Océan et de la Méditerranée, ces crustacés sont l'objet d'une industrie et d'un commerce importants.

L'Angleterre fait une énorme consommation de homards ; les plus forts approvisionnements viennent de la Norwége.

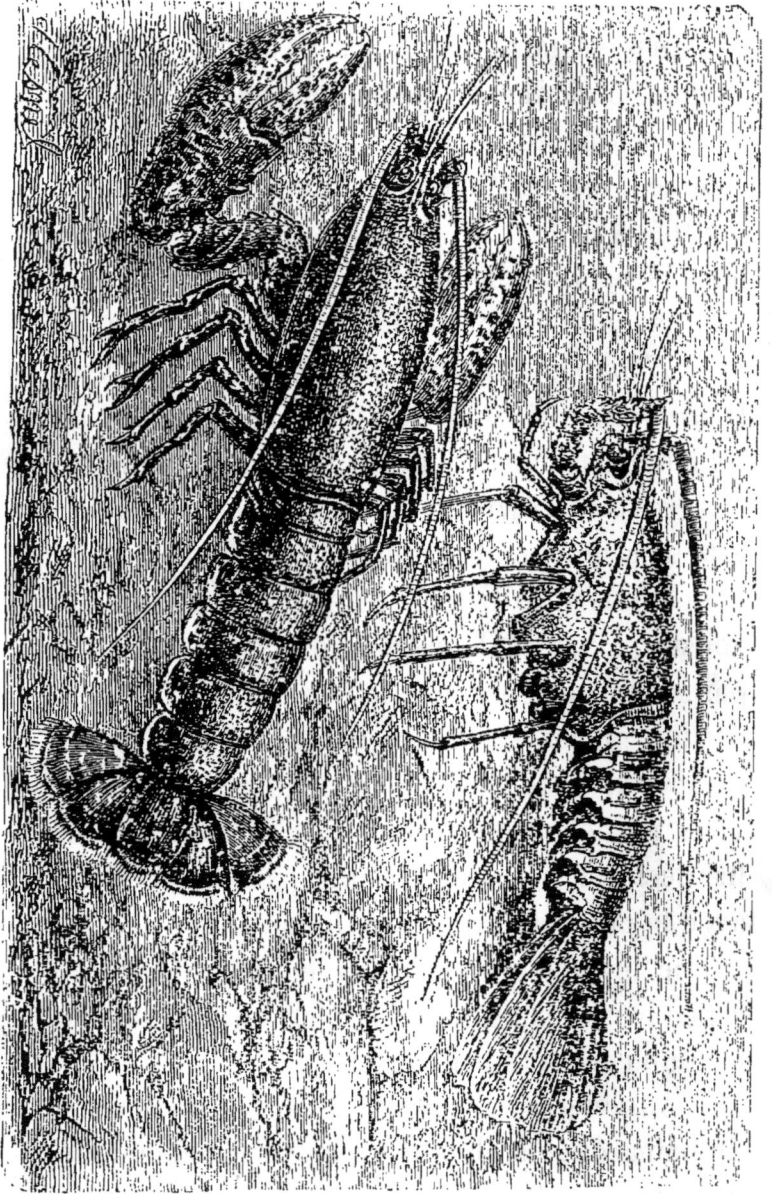

Fig. 26. — Homard et langouste.

2. *Crabes.* Ces crustacés sont très-communs sur nos côtes ; ils y sont quelquefois tellement nombreux qu'à marée basse on en trouve sous toutes les pierres ou dans toutes les touffes des plantes marines du rivage.

Ces animaux sont féroces et voraces ; leur férocité s'exerce même sur leurs semblables. On voit quelquefois un crabe, vaincu dans une lutte, saisir et dévorer un plus petit que lui, pendant que son vainqueur fouille et déchire ses entrailles.

Le *Crabe tourteau* ou *Poupart* (*platycarcinus pagurus*) est commun sur les côtes de France baignées par l'Océan, et vient en abondance sur nos marchés. Sa carapace est couverte d'un duvet velouté. Quand on le touche, au lieu de dresser et d'ouvrir ses pinces, il les ramasse sous lui et fait le mort. Dans les aquariums, on voit souvent ce crabe saisir une moule pour la dévorer ; avec l'une de ses pinces, il tient la coquille entr'ouverte, avec l'autre il détache et déchire la chair de l'animal et porte, rapidement et proprement, chaque morceau à la bouche, absolument comme on le fait avec la main.

On voit souvent aussi un petit crabe à corps aplati et verdâtre se promener ou fuir en longeant

la partie inférieure de la glace d'un grand bac ;
dans sa marche oblique et saccadée, il semble
adresser, aux curieux de la galerie, le geste bien
connu des gamins de Paris.

Fig. 27. — Crabe tourteau.

3. *Crevette* ou *Chevrette*. On confond généralement, sous le nom de crevettes, le *Palemon à dents de scie (palemon Ferratus)* et le
Crangon commun (crangon vulgaris). — Ces
deux jolis crustacés marins sont transparents,

et bondissent avec grâce sur le sable, sur les plantes ou sur les pointes des rochers. Le Palémon occupe la partie inférieure de la figure 28 ; on le reconnaît aisément à la crête dentelée qu'il porte sur la tête ; c'est cette grosse et belle crevette que l'on désigne dans le commerce sous le nom de *Bouquet*.

Fig. 28. — Crevettes palemon et crangon.

Ces crustacés sont très-recherchés dans certaines villes ; à Paris on en fait une grande consommation. — Malheureusement le *Bouquet* se maintient, depuis plusieurs années déjà, à un prix très-élevé. Jadis on vendait, sur les côtes de Bretagne et de Normandie, les crevettes 4 à 5 centimes le kilogramme. Les temps sont bien changés, pour les crevettes comme pour les huîtres !

4. *Bernard-l'Ermite* (*pagurus bernhardus*), ou *Soldat*. Ce crustacé est l'un des habitants les plus curieux d'un aquarium.

Fig. 29. — Bernard-l'Ermite.

On le nomme généralement *Bernard-l'Er-mite*, parce qu'il vit solitaire dans sa coquille, comme saint Bernard dans sa cellule, ou *Soldat*, parce qu'il est comme une sentinelle dans sa guérite. Il diffère des autres crustacés en ce que son corps n'est recouvert d'un test ou d'une armure que par devant ; le reste, c'est-à-dire la queue, ou mieux la partie postérieure, n'est revêtu que d'une peau molle et peu résistante. Pour abriter cette partie trop vulnérable, le Bernard l'introduit dans une coquille vide où il se retranche comme dans une forteresse.

Habituellement, il ne s'empare que d'une coquille abandonnée ; il prend ainsi un logement vacant. La recherche de cette habitation est toujours accompagnée d'incidents très-curieux ; c'est alors, en effet, que le Bernard développe toutes les ressources de son intelligence. Il faut que la demeure soit assortie à sa taille, que l'intérieur soit disposé de façon à ce que la queue puisse y être solidement établie, que l'ouverture lui permette de projeter au dehors sa tête et ses bras. Les coquilles en spirale un peu allongée, comme les buccins, les cérites, les rochers, présentent, à cet égard, de bonnes conditions. Les tours des spires facilitent l'adhérence de la queue ou de l'abdomen, qui est gros et contourné, et qui est terminé par des pinces. Mais avant de prendre son logement, le Bernard fait un état de lieux complet et détaillé. Si une coquille lui plaît à première vue, il la saisit avec ses pattes et ses pinces, la tourne et la retourne dans tous les sens, pour en examiner toutes les parties extérieures; il procède ensuite à la reconnaissance de l'intérieur, avec la prudente méfiance d'un bon bourgeois qui va prendre un appartement à bail. Pour bien scruter cette chambrette contournée dans les recoins où son regard ne peut pénétrer, le Bernard y introduit alternativement ses longues antennes et ses pattes de devant ; si elle lui paraît en tous points confortable, il sort rapidement de sa coquille et fait glisser lestement et à reculons son train postérieur dans le nouveau logis pour l'essayer ; quelquefois il essaye un grand nombre de coquilles, avant de se fixer définitivement, absolument comme on essaye des vêtements neufs dans un magasin de confection.

Ces changements de domicile deviennent assez fréquents, parce que, au bout d'un certain temps, la coquille qui ne s'agrandit pas devient gênante pour l'animal qui a grossi et qui se trouve alors obligé de se mettre à la recherche d'un logis mieux approprié à sa taille.

Souvent les chercheurs sont nombreux et tous ne trouvent pas de grandes coquilles inhabitées. Ici, la nécessité fait loi; le Bernard n'hésite pas à attaquer un coquillage vivant; avec ses fortes pinces, il le saisit, arrache et dévore l'animal pour s'emparer d'un logement qui est à sa convenance; c'est le système des annexions, avec cette seule différence que, dans le monde de la mer, il est pratiqué sans fusils à aiguille et sans canons rayés! Si les coquillages font défaut, le Bernard attaque résolûment un confrère, un ami, un parent, établi dans une coquille plus grande que la sienne, l'en arrache sans pitié, et s'y installe à la place du malheureux dépossédé qui reste sur le sable à la merci des voraces habitants du canton. Oh! la méchante et cruelle bête, s'écrie-t-on! Eh bien! dans notre monde, les combats des hommes n'ont presque jamais lieu pour un objet aussi important; il s'agit d'une maison!

On trouve souvent, sur le littoral de nos mers, la coquille du Bernard ornée d'une jolie anémone, l'*Actinie parasite* (*actinia parasitica*); il en est de même dans les aquariums, et l'on peut dire que là où s'établit le Bernard, s'établit aussi l'Anémone.

Le zoophyte et le crustacé vivent en parfaite

intelligence ; il paraît même qu'il y a entre eux réciprocité d'affection. L'on a vu, en effet, un bernard qui, obligé de changer de logis, enlelevait délicatement sa bien-aimée pour la placer sur sa nouvelle habitation. D'un autre côté, l'on voit quelquefois l'anémone quitter une coquille abandonnée, pour aller se fixer sur celle d'un bernard. Les anémones mènent habituellement une vie très-calme et très-sédentaire ; la parasite, au contraire, aime le mouvement et l'agitation, car son compagnon, quoique ermite, est un vagabond qui court dans toutes les directions, qui engage des combats meurtriers, et qui grimpe sur les rochers les plus escarpés, entraînant avec lui son anémone toute échevelée ; mais il connaît ses goûts, et semble fredonner ce joli refrain :

Oui, pour qu'un sentiment dure,
Il faut lui donner voiture.

INSECTES D'EAU DOUCE

Les insectes constituent une partie considérable et intéressante du règne animal ; ils sont répandus partout autour de nous, sur la terre, dans l'air et dans les eaux.

La plupart de ces petits êtres subissent des métamorphoses avant d'arriver à leur état parfait. A la sortie de l'œuf, l'insecte ressemble à un ver : c'est la *larve ;* celle-ci devient, au bout d'un certain temps, *nymphe* ou *chrysalide*, et garde, dans ce nouvel état, une immobilité complète ; puis l'insecte apparaît sous sa forme définitive.

Dans un aquarium, ces petits êtres n'offrent rien de remarquable par leurs couleurs ; mais ils sont intéressants par leurs formes, leurs mouvements et leurs mœurs ; ils rendent d'ailleurs, quand ils sont à l'état de larves ou d'insectes parfaits, d'importants services en dévorant les détritus des matières végétales et animales.

1. L'*Hydrophile brun* (*hydrophilus piceus*) est le plus grand de nos insectes aquatiques ; c'est même l'un des plus gros coléoptères de France : car il atteint quelquefois 3 centimètres de largeur et 4 de longueur. Il est noir ; ses élytres présentent trois lignes longitudinales enfoncées et marquées de petits points. Il nage bien, en faisant mouvoir ses longues pattes, non pas simultanément, mais l'une après l'autre.

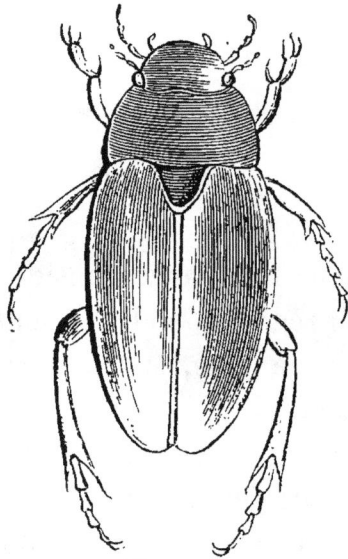

Fig. 29.

Cet insecte échappe souvent à la main qui le saisit, en enfonçant dans la peau, qu'il perce jusqu'au sang, une pointe aiguë dont sa poitrine est armée en dessous.

Il est curieux de voir l'hydrophile faire sa provision d'air. Quand sa tête est hors de l'eau, des bulles d'air s'engagent dans les antennes qui forment une espèce de gouttière, et glissent sous le corps où elles sont retenues par des poils fins et serrés à l'orifice même des organes respiratoires. En cet état, l'insecte semble revêtu d'une robe d'argent.

La manière dont l'hydrophile prépare le berceau de sa progéniture est bien plus curieuse encore. Si, vers le mois d'avril, on met quelques-uns de ces insectes dans un bocal contenant de l'eau douce et quelques plantes aquatiques, leur accouplement s'opère rapidement, et, au bout de quelques jours, la femelle s'accroche sous une feuille qu'elle recourbe et où elle file une coque demi-circulaire dans laquelle elle dépose ses œufs, en les groupant symétriquement ; dès que la ponte est terminée, elle fait de nouveau agir ses filières pour fermer la coque, qui se termine alors en pointe recourbée. Puis, comme la mère de Moïse, elle abandonne ce précieux berceau, en le laissant flotter à la surface de l'eau, mais après avoir pris la précaution de le fixer à une feuille et de le munir d'une espèce de corne à l'aide de laquelle il peut s'accrocher aux corps flottants.

Au bout d'une quinzaine de jours, les petites larves éclosent et restent pendant quelque temps attachées contre leur berceau ; puis elles deviennent agiles, grimpent sur les tiges des plantes aquatiques et dévorent les petits mollusques à coquille mince, tels que lymnées et physes.

Dans un aquarium, il est très-facile de conserver des hydrophiles en les nourrissant avec des feuilles de salade.

2. *Dytique* (*dytiscus*). Le Dytique est noir, avec corselet ordinairement cendré en dessous; son corps plat, ovale, arrondi vers les extrémités et taillé en biseau sur les bords, remplit les meilleures conditions possibles pour lui permettre de nager et fendre l'eau avec une grande rapidité (fig. 30). Cet insecte, très-vorace, poursuit tous les êtres vivants qui sont autour de lui et déchire tout ce qu'il peut saisir; c'est le *requin ailé* des eaux douces.

J'ai conservé pendant plusieurs années des dytiques dans des bocaux de verre contenant de l'eau de rivière et quelques tiges de plantes aquatiques, en les nourrissant, soit avec de la viande crue, soit avec des colimaçons nus ou dépouillés de leur coquille; ils avaient même pris l'habitude de venir chercher leur proie au bout des doigts. Il faut avoir le soin de couvrir leur prison avec un morceau de tulle, de gaze ou de toile métalli-

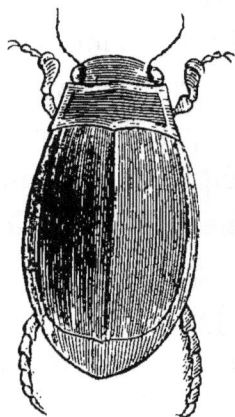

Fig. 30.

que, parce que la nuit ils sortent souvent de l'eau et s'envolent.

Plusieurs espèces de dytiques, et particulièrement le *Dytique bordé*, sont très-impressionnables aux influences atmosphériques. Selon l'état du ciel, ils occupent, dans leur prison, des stations plus ou moins élevées, et peuvent alors devenir des baromètres vivants.

La larve du Dytique est nue, très-allongée, formée de 12 segments, dont le dernier porte deux franges servant à puiser l'air à la surface de l'eau. La tête est déprimée et présente des mandibules à crochets très-acérés; les pattes sont assez développées et garnies de deux ongles aigus. Avec de pareilles armes, la larve est

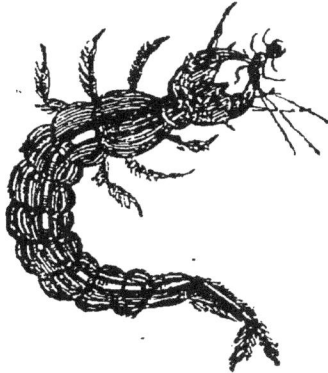

Fig. 31.

nécessairement très-vorace; elle se nourrit, en effet, de proies vivantes (fig. 31).

3. *Tourniquet* ou *Gyrin* (*gyrinus*). Les gyrins sont de jolis petits insectes noirs, à reflet bronzé, qui se réunissent ordinairement en troupes assez nombreuses à la surface de l'eau.

On les désigne vulgairement sous le nom de *Tourniquets*, parce qu'ils ont l'habitude de tournoyer sans cesse et de décrire des courbes et des cercles avec une très-grande rapidité.

Le *Gyrin nageur* (*gyrinus natator*) est un petit insecte de 4 millimètres au plus, d'un noir très-brillant, et présentant, sur la longueur de ses élytres, des points enfoncés et régulièrement alignés (fig. 32).

Fig. 32.

Ses yeux sont divisés en deux parties; par l'inférieure, il voit dans l'eau les animaux qui peuvent lui servir de proie et ceux qui sont ses ennemis; par la partie supérieure, il aperçoit les oiseaux insectivores qui lui font la chasse. Doué de la *double vue* et d'une agilité remarquable, il sait échapper à tous les dangers.

Dans un aquarium de fantaisie, il procure aux enfants les amusements les plus récréatifs. Après avoir décrit quelques courbes en nageant, il se tient immobile à la surface de l'eau; si on approche la main, il s'enfonce immédiatement. Si un poisson ou un dytique le poursuit, il saute hors de l'eau et se sert de ses ailes pour se ré fugier dans une cavité de rocher ou sur les feuilles émergées d'une plante aquatique. Enfin, si on parvient à le saisir avec les doigts pour le

poser à terre ou sur une table, il cherche à s'é-
chapper en sautillant ; à cet effet, il peut arc-
bouter l'extrémité du ventre sous celle des élytres et se débander ensuite comme un ressort.

Dans sa prison de cristal, on le voit quelquefois, quand il ne peut se soustraire à la poursuite
d'un ennemi redoutable, laisser échapper de son
abdomen une humeur blanchâtre et huileuse
dont l'odeur fétide excite la répugnance et le
dégoût.

4. *Batelier* ou *Notonecte* (*notonecta*). Cet insecte, qu'on nomme vulgairement *Batelier*, *Pu-
naise d'eau*, nage rapidement, renversé sur le
dos, à l'aide de ses longues pattes postérieures
qui sont garnies de poils raides et qui, en cet
état, font l'office de rames (fig. 33).

Tout son corps est couvert d'un duvet très-fin
qui emprisonne une série de
petites bulles d'air, en sorte
que l'insecte dans l'eau semble être enveloppé d'un léger fourreau d'argent.

Fig. 33.

Quand on saisit sans pré-
caution un notonecte, il pique fortement la main,
et laisse dans les chairs une liqueur irritante qui
fait ressentir une douleur assez vive, mais de
courte durée. (Voir les figures derrière la table.)

POISSONS

Quand on voit les 7/10 de la surface de la terre couverts par les eaux, on est tenté de croire que notre globe a été créé surtout pour les poissons. Ces animaux, en effet, sont les habitants de l'eau par excellence ; ils y forment un nombre considérable d'espèces qui, pour la plupart, fournissent à l'alimentation publique de précieuses ressources.

Les poissons sont les hôtes les plus variés, les plus vifs et les plus brillants d'un aquarium ; ils y occupent toutes les stations, soit au fond, soit entre deux eaux, soit à la surface ; les uns se tiennent isolés, d'autres se réunissent en groupes nombreux ; il y en a qui circulent dans tous les sens ; d'autres, au contraire, ne quittent que rarement le sable du fond ou restent blottis soit dans les trous et les anfractuosités des ro-

chers, soit dans les touffes des plantes aquatiques. En général, leur forme est svelte, gracieuse
et allongée ; ils ressemblent alors à des fuseaux
effilés ou à des navettes qui glissent dans l'eau.
Par l'élégance et la richesse de leur parure, ils
rappellent les plus beaux oiseaux et les plus
brillants papillons ; les rougets sont vêtus de
pourpre ; les maquereaux et les daurades ont
l'éclat du rubis, de l'émeraude et de la topaze.

Poissons de mer

1. Le *Cheval marin* ou *Hippocampe à nez
court* (*hippocampus brevirostris*). Dans un aquarium, ce joli petit animal fixe tous les regards
par la conformation de son corps, dont la partie
supérieure présente quelque ressemblance avec
l'encolure d'un cheval, et par le mouvement vi-
bratoire de sa nageoire dorsale, qui paraît jouer
le rôle d'une hélice de bateau à vapeur.

Quand il nage, il se maintient dans une position verticale, la tête et le museau en avant,
pour fureter et explorer les moindres replis des
plantes marines, les trous et les crevasses des
rochers.

La nageoire caudale ou queue est grêle et susceptible de s'enrouler autour des tiges des plantes et des zoophytes, comme la queue de certains singes autour des branches des arbres;

Fig. 34. — Cheval marin ou Hippocampe.

elle est d'ailleurs toujours prête à saisir tous les corps qui sont à sa portée et qu'elle peut embrasser. Lorsque deux hippocampes se rencontrent, ils entrelacent souvent leurs queues et ont ensuite beaucoup de peine à se séparer.

2. La *Plie franche* et la *Limandelle* (fig. 35) font partie d'une nombreuse famille de poissons à laquelle appartiennent le *Turbot*, la *Barbue*, la *Sole*, et autres *Pleuronectes*. Chez ces animaux, le développement ou l'accroissement se fait horizontalement. L'un des flancs est généralement très-coloré, l'autre qui repose habituellement sur le sol est blanc. Les pleuronectes ont l'instinct d'agiter le sable et de s'en recouvrir dans le but de se soustraire aux influences extérieures qui leur sont nuisibles et de dissimuler leur présence à leurs ennemis.

Ces poissons prennent quelquefois un accroissement considérable et des proportions colossales. Je me bornerai à rappeler à cet égard l'histoire de ce Turbot monstrueux, pêché du temps de l'empereur Domitien, et qui fut cuit dans un vase fait exprès, sur un *décret du Sénat assemblé pour en délibérer!*

Juvénal, du reste, a immortalisé le Turbot dans une satire où il assemble le Sénat romain pour délibérer sur une grave question, celle de savoir à *quelle sauce sera mis le Turbot envoyé à César!* Il y a, dans cette satire, une phrase qui peint bien la bassesse de tous les temps de servitude : « *Ipse capi voluit; le poisson lui-même voulut être pris!* »

Fig. 35. — Plie franche et Limandelle.

Fig. 36. — Roussette et Vieille de mer.

3. — *Roussette* et *Vieille de mer*. Ce dernier poisson occupe la partie inférieure de la figure 36.

Le *Squale Roussette* (*squalus catulus*) est désigné vulgairement sous les noms de *Roussette tigrée*, de *Chien* ou *Chat de mer*, de *Vache de mer*, etc... — Ce poisson produit, dans un aquarium, beaucoup d'effet par ses dimensions, sa forme allongée, et sa peau mouchetée de points ou taches roussâtres. Sa tête est déprimée, et la bouche qui se trouve au-dessous se présente sous la forme d'une longue fente transversale.

La chair de ce poisson n'est pas recherchée, parce qu'elle est dure, et parce qu'elle a une saveur rance et une odeur musquée peu **agréables**. Mais sa peau sert à polir les ouvrages en bois, en ivoire, en métal, et à couvrir différents meubles ; elle est connue dans le commerce sous le nom de *peau de chien de mer*, de *peau de chagrin*.

La Roussette a une gueule moins formidablement armée que celle de beaucoup d'autres squales. Mais elle se défend en enlaçant le bras du pêcheur qui la saisit et en le frottant rudement avec les rugosités de sa peau qui agissent comme une râpe.

En général, les jeunes des squales éclosent à

l'intérieur de la femelle ; il en est tout autrement
chez la Roussette qui, vers la fin de l'automne,
pond des œufs fécondés ; ces œufs (fig. 37)
affectent la forme de bourses d'une texture

Fig. 37. — Œufs de Squale.

résistante, qui ressemblent à de petits sacs car-
rés, de cuir brun, pourvus aux quatre angles
de longs filaments : au contact de l'eau, ces appendices filamenteux s'enroulent sur eux-mêmes

et amarrent chaque bourse aux plantes marines ou à quelque corps stable, de manière à ce qu'elle ne soit pas entraînée par les courants.

4. *Vieille de mer* ou *labre* (*labrus*). On désigne vulgairement sous le nom de *Vieilles de mer* plusieurs poissons du genre des Labres, parce que la conformation de leur museau leur donne une physionomie vieille. Sur les côtes de Normandie et de Bretagne, on les appelle aussi *Vracs*, *Crahates* et *Carpes de mer*.

Ce genre renferme un grand nombre d'espèces qui sont recherchées pour les aquariums en raison de leur forme élégante, de leurs couleurs variées et de leur agilité remarquable. Il y en a dont la teinte générale est d'un rouge nuageux, avec raies jaunes, bleues et rouges ; d'autres dont la tête est rougeâtre, le dos couleur de plomb, les côtés jaunes, les nageoires anale et caudale bleuâtres et bordées de noir.

5. *Spinachie* ou *Épinoche quinze épines* (*gasterosteus spinachia*) (fig. 38).

La Spinachie connue aussi sous le nom de *grande Épinoche de mer*, est abondante sur les côtes de l'Océan, notamment en Hollande, où l'on en prend de très-grandes quantités soit pour fumer les terres, soit pour faire de l'huile.

Dans les aquariums, ce poisson offre beaucoup d'intérêt par l'élégance de ses formes, par l'agilité et la gracieuseté de ses mouvements, et surtout par les soins qu'il prend pour protéger ses œufs et ses jeunes.

A l'époque de la ponte, la Spinachie procède à la construction de son nid, en appropriant des herbes marines qui couvrent une portion de rocher convenablement abritée. La femelle y dépose ses œufs ; le mâle les recouvre ensuite avec des herbes détachées et flottantes qu'il relie ensemble au moyen d'un long fil. Pendant environ trois semaines, sa surveillance est incessante autour de ce nid ; il ne s'en éloigne un peu que pour repousser les poissons qui s'en approchent de trop près. Il est curieux de voir ce joli petit animal s'élancer avec ardeur, bouche béante et épines hérissées, sur une baguette que l'on introduit dans le voisinage du nid ; il la mord avec fureur. Au moment

Fig. 38.

de l'éclosion, les jeunes sortent des herbes par centaines et se répandent dans toutes les directions. Au milieu de leurs folâtres ébats, ils vont effleurer les corolles des anémones dont la beauté et l'immobilité ne peuvent leur inspirer aucune crainte. — Pauvres petites créatures ! Ces jolies fleurs, dont l'apparence est bien trompeuse, contractent et rapprochent avec vivacité les pétales de leur corolle, et engloutissent tout ce qui les a touchées ! Cependant, la Spinachie continue ses soins assidus pour protéger le nid, tant qu'un seul des jeunes est vivant.

Poissons d'eau douce

La mer est beaucoup plus riche en poissons que les eaux douces, car on connaît aujourd'hui au moins treize mille espèces de poissons, parmi lesquelles le dixième au plus habite les lacs et les cours d'eau. Mais, par compensation, tous les poissons d'eau douce, à part une seule exception, sont comestibles et fournissent des produits recherchés par la consommation.

Le seul poisson qui fasse exception, c'est

l'*Épinoche* (*gasterosteus*), ce joli petit animal si vif, si agile, qui habite nos ruisseaux et qui redresse souvent les épines dont son corps est armé. La présence de ces épines lui a fait donner le nom qu'il porte, et les dénominations vulgaires d'*Épinglotte*, *Picot*, *Savetier*, etc... — Mais, si cet être tout chétif ne donne rien à l'estomac, il donne beaucoup à la réflexion, et bien des gens trouveront en lui de bons et salutaires enseignements. A ces précieuses qualités, il en réunit une qui est ici très-essentielle, celle de faire les délices d'un aquarium.

Si, au printemps, vers le mois de mai, on place des *Epinochettes* dans un vase de verre ou un petit vivier transparent contenant de l'eau douce et quelques plantes aquatiques, on verra bientôt l'un de ces jolis petits êtres changer de couleur et prendre un éclat tout particulier; les parties du corps qui sont habituellement pâles et presque ternes, deviennent d'un bleu bien coloré ou d'un rouge cramoisi ; c'est un *prétendu* qui revêt son habit de noce. Il choisit alors des brins d'herbes ou de racines très-ténus, et en forme, entre les tiges ou les branches d'une plante de son habitation, une boule dont il a englué et entrelacé toutes les parties, et dans laquelle il pénètre par le milieu, en la traversant de part en part pour faire deux ouvertures ; puis, il approprie confortablement l'intérieur de cette espèce de manchon, à l'aide des mouvements de son museau, du jeu de ses épines et du frottement de son corps. Ce manchon, c'est le *nid* qui doit recevoir les œufs des femelles et qui doit servir ensuite à l'éclosion des jeunes. Dans l'arrangement de ce charmant berceau, le mâle a l'attention délicate de n'y introduire que des brins très-souples, et particulièrement les fibres les plus déliées des conferves, afin de le rendre soyeux et moëlleux. L'Épinochette sait parfaitement que

Il faut, de nos jours,
Loger les amours
Dans la soie ou le velours.

Ces préparatifs terminés, l'heureux propriétaire exalte encore la richesse et la vivacité des couleurs de sa parure, et se met à la recherche d'une *compagne*. Il se rend alors au milieu d'un groupe de femelles, fixe son choix sur l'une de celles qui paraissent être disposées à pondre, et l'encourage par ses prévenances et ses agaceries à le suivre vers son nid. L'épinochette qui est l'objet de cette préférence, s'empresse, en général, de se rendre au désir du mâle ;

celui-ci, pourtant, rencontre quelquefois une
certaine résistance, car dans le monde des épi-
noches il y a aussi des coquettes. Mais alors,

Fig. 39. — Épinochette et son nid.

il saisit la récalcitrante par une nageoire, l'en-
traîne et la fait entrer dans le nid, où il la
surveille, en se tenant au dehors, jusqu'à ce
qu'elle ait déposé une portion de ses œufs.
Au bout de deux ou trois minutes, la femelle
sort par la seconde ouverture du nid, et le
mâle y entre précipitamment; il frétille, s'agite

6

et glisse à plusieurs reprises sur les œufs qu'il féconde.

Pendant plusieurs jours consécutifs, le mâle ramène au nid la femelle qui y complète sa ponte, ou bien va chercher d'autres femelles, dont les œufs réunis forment une masse assez considérable : il a le soin de féconder ces œufs au fur et à mesure de chaque ponte.

Quand le berceau lui paraît convenablement garni, il s'établit en sentinelle vigilante à l'entrée de l'une des portes, après avoir eu le soin de fermer l'autre ; cette précaution est nécessaire ; car, seul, il ne pourrait garder deux portes ouvertes, repousser les ennemis du dehors qui se présentent pour entrer dans le nid et dévorer les œufs. Aussi dévoué à sa progéniture qu'il était tout à l'heure empressé auprès de ses femelles, ce riche pacha reste seul, absolument seul, pour garder le précieux dépôt : les femelles, après la ponte, reprennent leurs ébats et vont folâtrer dans toutes les directions. L'Épinochette, qui ne devient pacha que par nécessité et momentanément, est, en réalité, un bon mari *pot-au-feu* qui reste chez lui, qui berce les enfants, qui leur donne au besoin le biberon, pendant que Madame va se promener et folâtrer au dehors.

Dans cette surveillance active et incessante, il ne se borne pas, en effet, à garder les œufs, il en favorise encore l'incubation ou l'éclosion, par des courants qu'il provoque en agitant ses nageoires, à l'entrée même du nid, pour renouveler l'eau à l'intérieur.

Au bout d'une douzaine de jours, l'éclosion commence et les jeunes épinochettes sortent du nid en nuées aussi nombreuses que celles de ces insectes éphémères à peine saisissables à l'œil ; elles semblent être faites de cristal, et être soutenues par un léger ballon diaphane. L'heureux père paraît content et satisfait; mais il est trop inquiet pour jouir d'un bonheur complet. Ses enfants, en effet, ont, comme tous les jeunes poissons sortant de l'œuf, une énorme poche ou vésicule appendue au ventre ; c'est leur sac nourricier pendant le premier âge. Ce sac, pourvu d'abondantes provisions, est lourd et ne laisse pas aux nouveau-nés qui le portent assez d'agilité pour pouvoir échapper à la poursuite des insectes ou des poissons carnassiers. Aussi le bon père surveille-t-il tous leurs mouvements avec la plus tendre sollicitude ; il ne les perd pas un instant de vue, et les ramène près du nid quand ils s'en éloignent.

Jeunes gens qui lirez ces lignes, n'oubliez

jamais le nid de l'Épinochette; il vous rappellera que la jeunesse est entourée de périls et de dangers, et que, pour les éviter, il ne faut jamais s'éloigner de la maison paternelle, ou s'affranchir de la tutelle d'un bon père.

Dans les aquariums d'eau douce, l'on peut observer tous les incidents de la ponte et de la nidification de plusieurs autres espèces de poissons; je me bornerai à citer ici :

1° Le *Chabot commun* (*cottus gobio*), petit poisson de 10 à 12 centimètres de longueur, qui se tient habituellement sous les pierres ou dans les touffes d'herbes de nos eaux vives. Vers le mois de mars le chabot organise son nid sous une pierre, et surveille avec la plus grande sollicitude les œufs fécondés et ensuite les jeunes nouvellement éclos.

2° La *Truite* (*trutta*) qui, en hiver et quelquefois même au commencement de l'automne, creuse des trous dans le gravier pour y déposer ses œufs et les recouvre dès qu'ils sont fécondés.

3° La *Perche commune* ou *de rivière* (*perca fluviatilis*), qui charme l'œil par l'agilité et la gracieuseté de ses mouvements, et qui, au printemps, enroule ses œufs sur les plantes aquatiques, sous forme d'une nappe qui ressemble à une jolie guipure.

MAMMIFÈRES AQUATIQUES

Les mammifères, ainsi que leur nom l'indique, sont des animaux à mamelles c'est-à-dire allaitant leurs petits. C'est parmi eux que l'homme rencontre les animaux les plus grands du globe, les plus utiles et les plus nécessaires à ses besoins.

1. L'aquarium présente en ce moment un mammifère aquatique des plus intéressants, c'est le *Phoque commun* (*phoca vitulina*), que l'on désigne vulgairement sous les noms de *Loup marin* et de *Veau marin*.

Jack, qui est le seigneur et maître du bassin de la cascade lumineuse, est un charmant animal, dont le corps, arrondi et allongé, ressemble à celui d'un poisson; il en diffère, toutefois, par une fourrure soyeuse, par une tête ornée de longues moustaches et de deux beaux yeux veloutés et limpides, aussi doux que ceux d'un enfant; mais il s'en rapproche par la forme et la nature de ses quatre membres, tous convertis en rames ou nageoires.

Il nage et plonge très-bien, et charme tous ses visiteurs par des évolutions qu'il exécute avec beaucoup de grâce, d'agilité et d'élégance. De temps en temps, il vient se placer et s'allonger sur un rocher plat, qu'il peut atteindre à l'aide d'un plan incliné ; ses allures sont alors moins gracieuses et même pénibles : car il se traîne plutôt qu'il ne marche, et ne peut avancer et surtout se hisser sur la plate-forme qu'au moyen de sauts petits et fréquents. Quand on étend la main vers l'intérieur du bassin, ou quand on l'appelle, il arrive immédiatement en nageant, et se tient presque debout sur les rochers de la galerie, pour voir de plus près et flairer l'objet qu'on lui présente ; son regard alors est très-expressif. Jack aime passionnément le poisson frais. C'est en lui donnant chaque jour de petites soles, que son excellent et attentif gardien Élie l'a apprivoisé en peu de temps.

Quoique le régime du phoque en liberté soit principalement animal, car il consiste en poissons, mollusques et crustacés, ce régime est modifié par la domestication ou la captivité ; le phoque alors mange des fruits et d'autres matières végétales, et même du pain mouillé.

Ce gracieux mammifère a un cri très-doux ; il semble quelquefois prononcer les syllabes *pa-pa, ma-ma.* Les charlatans, toujours très-habiles à tirer parti du moindre incident pour abuser de la crédulité du public, exposent dans leurs ménageries ambulantes des phoques qui, disent-ils, *appellent papa et maman,* ou bien *demandent du café, des gâteaux !*

2. Le *Marsouin* (*delphinus phocœna*) (fig. 40) est une espèce de *Dauphin.* Ce mammifère qui est abondant sur nos côtes, n'est ni dangereux, ni farouche ; on le voit souvent, réuni en troupe d'une demi douzaine, folâtrer à la surface de l'eau sous les yeux des pêcheurs et des baigneurs qui le reconnaissent aisément à son museau arrondi, à ses nageoires courtes, et surtout à son dos noir et à son ventre blanc. Mais rien n'est plus intéressant que les femelles allaitant leurs petits; elles se servent de leurs nageoires pour les serrer contre elles, en ayant la précaution de nager sur le flanc pour leur permettre de tenir, à la surface de l'eau, leur tête au sommet de laquelle sont placés les évents qui servent à la respiration. Sous l'eau le marsouin ne pourrait vivre.

Fig. 10. — Marsouins mâle et femelle.

PARIS. — E. DE SOYE, IMPRIMEUR, PLACE DU PANTHÉON, 2.

NOTE

Les figures 38 et 39, et celles des insectes aqua
tiques ont été gravées sur des dessins faits d'après
nature.

Toutes les autres sont empruntées à quelques-uns
des beaux livres de la librairie Hachette, savoir :
l'Histoire des Plantes, par L. Figuier ; *la Vie et les
Mœurs des Animaux*, par le même auteur ; *le Monde
de la Mer*, par A. Frédol ; *les Plages de la Mer*, par
A. Landrin.

Le cadre toujours restreint d'une simple notice ne
permet pas de donner des développements très-
étendus sur les plantes et les animaux des aquariums.
Les personnes qui veulent faire, à cet égard, des
études plus complètes, peuvent se reporter aux livres
qui viennent d'être indiqués, et à des ouvrages spéciaux tels que : *les Mystères de l'Océan*, par A. Man-
gin ; *les Souvenirs d'un Naturaliste*, par de Quatre-
fages ; *l'Histoire naturelle des Crustacés*, par Milne-
Edwards ; *l'Histoire naturelle du Corail*, par Lacaze-
Duthiers ; *l'Histoire des Insectes*, par E. Blanchard ;
les Poissons des eaux douces de la France, par le même ;
les Merveilles des fleuves et des ruisseaux, par C. Millet ;
la Culture de l'Eau, par le même. (Ces deux derniers
livres sont sous presse. —Novembre 1866.)

LE MONDE DE LA MER

GRAND AQUARIUM

Boulevard Montmartre, 21

Ouvert de **10** h. du matin à **11** h. du soir.

PRIX D'ENTRÉE :

Le Dimanche.
et
les autres jours
(vendredi excepté).

- Chaque personne......... **1** fr.
- Enfant au-dessous de 10 ans. **50** c.

Le Vendredi.

- Chaque personne......... **2** fr
- Enfant au-dessous de 10 ans. **1** fr.

ABONNEMENT :
10 FRANCS PAR MOIS

Valable le dimanche et tous les jours de la semaine.

VENTE D'AQUARIUMS

DE TOUTES DIMENSIONS, DE TOUTES FORMES

ET DE TOUS PRIX

POUR EAU DE MER ET POUR EAU DOUCE

PARIS. — DE SOYÉ, IMP., 2, PL. DU PANTHÉON

www.ingramcontent.com/pod-product-compliance
Lightning Source LLC
Chambersburg PA
CBHW071450200326
41519CB00019B/5687